반찬백과

박숙주 지음

머리말

　우리는 지금 식탁이 위협받고 있는 시대에 살고 있다. 바쁜 주부들은 어쩔 수 없이 각종 화학 첨가물이 들어간 가공식품으로 밥상을 채우거나 넘쳐 나는 다양한 외식으로 끼니를 때우는 일이 많아졌고, 아이들에게 패스트푸드는 너무나 익숙하고 맛있는 음식이 되어 버렸다. 사람들은 각종 암과 성인병, 비만 등과 같은 질병들로 고통받고 있다. 모 종편에서 방송되고 있는 먹거리 고발성 프로그램은 질병의 원인이 먹는 것과 무관하지 않음을 보여 주는 좋은 사례인 듯하다.

　옛말에 약식동원(藥食同原), 즉 '먹는 음식이 곧 약이 된다.'라는 말이 있다. 건강한 먹거리에 대한 관심이 고조되면서 우리 전통 음식이 곧 건강식이라는 공식이 성립될 정도가 되었다. 전통 음식은 화려하지는 않지만 조미료 없이 만들어 담백하면서 깊은 맛이 살아 있는 최고의 밥상이다.

　주부들은 신선한 식재료를 선택하는 것부터 신경을 쓰고 조금은 수고스럽겠지만 직접 다시마를 우리고, 멸치를 갈아서 나만의 홈 천연 양념을 만들어 찌개를 끓일 때, 나물을 무칠 때, 전을 부칠 때 조금씩 넣어 주면 맛도 깊어지고 음식으로 가족의 건강도 지킬 수 있다.

이 책에는 밥상에 자주 올릴 만한 매일의 반찬을 평범한 식재료로 맛있고 센스 있게 만드는 방법과 만들기 어려워 엄두를 내지 못하는 밑반찬의 중심이라 할 수 있는 장아찌와 젓갈, 김치 등을 저염식으로 손쉽게 만드는 방법을 하나하나 차근차근 소개하였다. 또한 그동안 저자가 사용해 온 쓰임새가 다양한 홈메이드 양념류와 조미 가루를 손쉽게 만드는 방법과 육수를 맛나게 만드는 비법 등을 공개하였다.

'오늘 저녁에는 뭘 해 먹을까?, 오늘같이 특별한 날에는 뭘 해 먹지?'와 같은 물음은 늘 묻게 되는 우리 주부들의 고민거리다. 이 책을 참고로 음식을 하나하나 만들어 가면서 우리 주부들이 잊었던 엄마의 손맛을, 고향의 맛을 재현하여 건강 전도사로 거듭나길 바란다.

끝으로 이 책을 위해 마음으로부터 지지와 사랑을 주신 어머니와 유현자 선생님, 처음부터 끝까지 수고를 아끼지 않은 동생 같은 지형이와 이지 아빠에게 무한한 감사를 드린다. 또한 이 책이 나오기까지 애써 주신 도서 출판 예신 여러분께 깊은 감사를 드린다.

박숙주

차례

홈메이드 10
기본 양념 · 육수

장아찌 14

젓갈 78

채소와 해조 반찬 102

고기와 해물 반찬 142

나물 반찬 182

부침 반찬 244

두부 반찬 274

즉석 반찬 300

별미 반찬 356

김치 418

찾아보기 452

홈메이드 기본 양념

맛을 깊고 풍부하게 해 주는 나만의 노하우.
양념을 잘 써야 음식이 맛깔스러우므로 손이 조금 가더라도 나만의 정성이 담긴 홈메이드표 양념을 만들어 두면 시간도 절약할 수 있고 맛과 영양으로 가족의 건강을 지킬 수 있다.

☀ 맛기름

- **재료**

  마늘 50g, 생강 10g, 양파 200g, 대파 1대, 식용유 5컵

- **만드는 방법**

  ❶ 마늘과 생강은 납작하게 썰고, 양파와 대파는 채를 썬다.

  ❷ 밑면이 두꺼운 냄비에 식용유를 넣고 냄비가 미지근해지면 나머지 재료를 넣어 약한 불에서 은근히 끓인다.

  ❸ 양파와 대파가 은근한 갈색이 되면 불을 끄고 식으면 체에 거른다.

- **쓰임새**

  생선이나 고기 요리의 전처리 과정에 넣어 주거나 야채를 볶을 때 사용하면 향신 채소의 풍미가 재료에 전달되어 비린내나 누린내가 줄어들고 맛이 좋아진다. 냉장고에 보관하며 사용한다.

☀ 맛간장

- 재료

  양파 1개, 대파 2대, 마른 고추 5개, 마늘 20g, 레몬 1개, 진간장 5컵, 물 2.5컵, 청주 2컵, 통후추 5g, 물엿 1컵

- 만드는 방법

  ❶ 양파와 대파는 채를 썬다. 마른 고추는 가위로 자르고 마늘은 통으로 넣는다. 레몬은 얇게 썰어 둔다.

  ❷ 냄비에 레몬 외의 재료를 넣고 약한 불에서 30분 정도 은근히 끓이다가 불을 끈다.

  ❸ 레몬을 넣고 간장물이 식으면 체에 걸러 준다.

- 쓰임새

  나물무침이나 볶음, 조림, 찜 등에 두루 사용하면 음식이 훨씬 더 맛깔스럽다.

☀ 고추기름

- 재료

  맛기름(마늘 50g, 생강 10g, 양파 200g, 대파 1대, 식용유 5컵) 5컵, 고춧가루 1컵

- 만드는 방법

  ❶ 맛기름이 미지근해지면 고춧가루를 넣고 약한 불에서 끓인다. 이때 고춧가루가 타지 않도록 불 조절에 신경을 쓴다.

  ❷ 식으면 체에 걸러서 냉장 보관한다.

- 쓰임새

  얼큰하게 끓이는 육개장이나 순두부찌개, 건어물볶음, 중국 요리에 사용한다.

☀ 생강술

- 재료

  생강 100g, 소주 400g

- 만드는 방법

  ❶ 생강은 손질하여 납작하게 썰어 물에서 3~4번 씻어 체에 걸러 준다.

  ❷ 입구가 큰 병에 생강 썬 것을 넣고 소주를 부어 둔다.

  ❸ 하루가 지나면 사용할 수 있고 냉장 보관하여 사용한다. 한 달 정도 보관 가능하다.

- 쓰임새

  생선을 전처리하여 굽거나 찔 때 넣어 주면 비린내를 없애 주어 깔끔하게 조리된다.

☀ 볶은 소금

- 재료

  굵은 소금(호렴), 정수물

- 만드는 방법

  ❶ 간수를 뺀 굵은 소금을 소쿠리에 절반 정도 담는다.

  ❷ 정수물을 가득 채운 넓은 그릇에 소쿠리를 푹 담그고 빠르게 흔들면서 바로 건져 준다.

  ❸ 뜨겁게 달군 두꺼운 솥에 소금을 쏟아 놓고 나무주걱으로 수분이 날아가도록 저으면서 계
    속 볶는다.

  ❹ 수분이 모두 증발하면 마무리한다.

- 쓰임새

  각종 조미 가루에 섞어서 사용하거나 탕이나 국, 나물무침 등에 사용하면 뒷맛이 깔끔하고 구
  수하다.

홈메이드 육수

☀ 다시마멸치육수

- **재료**

  물 1L, 국멸치 10개, 마른 표고버섯 3장, 다시마 5×5cm 1조각, 청주 · 맛술 1작은술씩

- **만드는 방법**

  냄비에 물과 국멸치, 마른 표고버섯, 다시마, 청주 · 맛술을 넣고 30분 정도 담갔다가 중간 불에서 15분 정도 끓인 후 불을 끄고 체에 밭친다.

- **쓰임새**

  진한 육수가 필요한 국이나 찌개, 전골 등에 좋고 장아찌에 필요한 절임장의 육수로도 좋다. 음식에 따라 양파나 소량의 간장, 마른 고추 등도 추가해서 넣을 수 있다.

☀ 다시마물

- **재료**

  물 5컵, 국물 내는 두꺼운 다시마 5×5cm 2조각

- **만드는 방법**

  냄비에 물과 다시마를 넣고 약한 불에서 끓이다가 보글보글 끓으면 불을 끈 다음 체에 밭친다.

- **쓰임새**

  담백한 국이나 찌개를 끓일 때나 젓갈을 많이 넣지 않는 배추김치 등에 사용한다.

☀ 재료를 찬물에 담그는 멸치 · 마른새우육수

시간적인 여유가 있다면 전날 밤 다시마, 멸치, 마른 새우 등을 찬물에 담가 냉장고에 보관한 후 다음 날 아침에 건져 낸다. 이렇게 하면 육수가 잘 우러나고 비린내도 안 난다.

장아찌

계절을 따라 장아찌를 준비해 두면 부자가 된 듯하고 1년이 든든하다.

양념으로 조물조물 무친 짭조름한 장아찌는 잃었던 입맛을 살려 준다.

구하기 쉬운 제철에 나오는 싱싱한 채소를 저염식으로 맛나게 담가 건강한 저장 밑반찬을 만들어 보자.

☀ 양념 재료에 따라 장아찌를 맛있게 담그는 방법

1. 간장장아찌의 포인트는 짠맛을 희석하는 것이다.

   간장만으로 담그는 경우는 간장 : 집간장의 비율은 7 : 3, 간장과 액젓을 혼합할 때는 8 : 2 정도가 좋다. 간장에 식초와 설탕을 넣어 담그는 경우 주재료의 수분이 적은 식품은 간장 : 설탕 : 식초 : 물을 동량으로 섞어서 만든다. 그러나 주재료의 수분이 많은 식품은 간장 : 설탕 : 식초 : 물을 2 : 1 : 1 : 1 정도로 배합하는 것이 맛있다. 이때 설탕의 양을 줄이고 매실청 같은 효소액을 넣어 주거나 물 대신 담백한 다시마채소 우린 물을 사용하면 맛이 은근하고 고급스러워진다.

2. 고추장장아찌의 포인트는 원재료의 수분을 줄여 주는 전처리 과정이다.

   원재료의 수분을 줄여 주는 전처리 과정이 생략되면 곰팡이가 생겨 맛과 질감, 저장성이 떨어진다, 소금에 절여 물기를 빼거나 햇볕에 말려 사용해야 한다.

   고추장장아찌는 매운맛과 짠맛이 강하기 때문에 고추장에 효소액이나 조청, 물엿 등을 넣어 짠맛을 줄여 주는 것이 좋다.

3. 된장장아찌의 경우 된장은 수분이 많으므로 원재료의 수분을 줄여 주는 전처리 과정이 중요하다. 소금이나 소금물에 절여 수분을 충분히 빼고 된장에 박아 숙성시키는 것이 좋다.

   된장이 짜므로 무쳐서 먹을 때는 된장을 훑어 내고 물에 담가 우리거나 물엿이나 조청 등을 넣어 바락바락 주물러서 짠맛을 빼 주고 통깨나 참기름 등으로 양념해 주면 짠맛을 중화할 수 있다.

4. 소금으로 삭혀서 장아찌를 만드는 경우에는 소금 대 물의 비율이 중요한데 1 : 10 정도가 좋다.

☀ 장아찌를 담글 때 주의할 점

1. 깻잎, 콩잎, 마늘종, 고들빼기, 감, 매실 등은 소금물에 담가 일정 기간 삭혀 맛을 부드럽게 해야 한다.
2. 고추장, 된장 등에 박아 두는 것은 장을 일정량 덜어 각각의 재료를 구분해야 좋은 맛을 낸다.
3. 된장, 고추장에 넣는 잎채소를 이용한 장아찌는 망사 주머니에 넣어서 박아 두어야 된장이나 고추장에 섞이지 않는다.
4. 간장이나 소금물을 이용할 경우 원재료가 떠오르지 않도록 망사 주머니에 넣거나 무거운 것으로 눌러 주어야 한다.
5. 간장에 절일 때는 장물을 3~4회 반복해서 달여 부어야 한다.

김장아찌

달달하고 맛난 김장아찌

맛	식감	보관 기간	한줄 정보
달콤, 짭짤하다.	부들부들하다.	냉장고를 전제로 3개월	묵은 김도 사용 가능하다.

만드는 법

1. 다시마멸치육수 재료를 냄비에 넣고 30분 정도 불린 뒤 중간 불에서 15분 정도 끓이다가 불을 끄고 고운체에 거른다.
2. 절임장 재료를 냄비에 넣어 약한 불에서 매끄러운 느낌이 날 정도로 졸여 준다.
3. 절임장이 완전히 식는 동안 김을 6등분한다.
4. 용기에 김을 차곡차곡 담고 절임장을 충분이 부어 준다.
5. 하루가 지나면 김의 위아래 위치를 바꾸어 주어 간이 골고루 스며들게 한다.
6. 담근 지 3~4일 후면 맛있는 김장아찌를 먹을 수 있다.

재료

주재료

김 30장

다시마멸치육수

물 1L, 양파 1/4개, 북어 머리 1개, 마른 고추 3개, 다시마 1조각, 국멸치 10개, 마른 표고버섯 3장

절임장

다시마멸치육수 4.5컵, 간장 2컵, 청주 2/3컵, 올리고당 2컵+1/4컵

코멘트
- 김은 김밥용 김처럼 두께가 두꺼워야 절임장을 넣었을 때 잘 퍼지지 않는다.
- 김장아찌는 맵지 않고 부드럽고 달콤한 장맛으로 노인이나 아동에게 좋은 밑반찬이 된다.

샐러리장아찌

향긋한 냄새가 매력적인 장아찌

만드는 법

1. 샐러리의 섬유질을 제거하고 어슷하게 썰어 준다.

2. 절임장 재료를 끓여서 완전히 식힌다.

3. 용기에 샐러리를 담고 절임장을 부어 준다.

4. 3일 후 절임장만 따라 내어 끓인 후 식혀서 다시 부어 준다.

5. 4의 과정을 2~3번 반복해 주면 저장 기간이 길어 진다.

6. 냉장고에 두고 1주일이 지나서부터 맛이 들기 시 작하면 먹을 수 있다.

재료

주재료

샐러리 6대

절임장

간장 2컵, 식초 1.5컵, 설탕 1.5컵, 물 2컵, 소금 1작은술

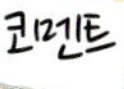
코멘트
- 샐러리에는 비타민이 많이 들어 있어 신경 피로에 효과가 좋으며 혈관의 기능을 원활하게 해 주어 동맥 경화나 고혈압에 좋다고 한다.
- 샐러리 특유의 향과 새콤달콤한 장아찌의 맛이 식욕을 높여 준다.
- 샐러리 향이 담겨 있는 간장물을 소스로 활용하면 좋다.

장아찌

곰취장아찌

아삭한 식감과 특유의 향이 매력적인 장아찌

만드는 법

1. 곰취는 끓는 물에 소금을 약간 넣어 살짝 데친다.
2. 찬물을 준비해 두었다가 **1**의 곰취를 식혀 준 다음 체에 밭쳐 물기를 제거한다.
3. 손질한 곰취를 통에 담는다.
4. 절임장 재료를 냄비에 담아 끓여서 식힌 후 **3**의 통에 부어 준다.
5. 곰취를 데쳐서 절임장을 부었기 때문에 하루가 지나도 먹을 수 있다.

재료

주재료

곰취 500g

부재료

소금 약간

절임장

간장 3컵, 소주 3컵, 식초 1.5컵, 설탕 1.5컵

- 산속에 사는 곰이 좋아하는 나물이라는 뜻에서 '곰취'라는 이름이 붙여졌다고 하는데 4~6월이 제철로 가장 맛있고 영양 효과도 뛰어나다.
- 곰취는 데쳐서 물기를 꼭 짠 뒤 냉동 보관하거나 말려서 보관한다.
- 곰취는 들깨가루를 넣어서 볶아 주면 향긋하고 고소한 나물이 된다.

양파장아찌

고기 요리의 맛을 더 풍부하게 해 주는 장아찌

맛	식감	보관 기간	한줄 정보
새콤달콤하다.	아삭아삭하다.	1개월	지방질 함량이 적어 다이어트에도 그만이다.

만드는 법

1. 양파는 겉껍질을 벗긴 후 통에 담는다.
   Point 장아찌용 작은 양파는 그대로 담고 큰 양파는 적당한 크기로 썬다.
2. 절임장 재료를 냄비에 담아 끓여서 식혀 둔다.
3. 양파에 절임장을 부어 준다.
4. 담근 지 1주일이면 맛이 들므로 먹을 수 있다.
5. 보관 기간을 6개월 정도 장기간으로 하려면 절임장을 중간중간에 3번 정도 끓여서 부어 주면 된다.

재료

주재료

양파(소) 10개

절임장

간장 2컵, 식초 1컵, 설탕 2컵, 소금 1작은술, 물 2컵, 마른 고추 2개

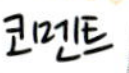

- 양파에 있는 쿼세틴(quercetin)이라는 성분이 노화를 방지하며 황화알릴이라는 성분은 혈중 콜레스테롤을 녹여 주어 고혈압, 당뇨병, 동맥 경화 등에 좋다.
- 사계절 상시 만들 수 있는 양파장아찌는 고기 요리, 샐러드, 밑반찬으로 너무나 잘 어울리는 장아찌다.
- 양파를 다져서 간장물과 같이 사용하면 좋은 샐러드 양념이 된다.

오이장아찌

상큼한 맛과 향이 좋은 장아찌

맛	식감	보관 기간	한줄 정보
상큼, 짭짤하다.	아삭아삭하다.	3개월	오이 피클 대용으로 좋다.

만드는 법

1. 오이는 길이가 짧고 통통한 재래종 오이를 준비하여 하나씩 소금으로 문질러 씻어 채반에서 물기를 제거한다.

2. 준비한 오이를 망주머니에 차곡차곡 담고 망주머니 입구를 묶은 후 용기에 넣는다.

3. 냄비에 절임장 재료를 넣고 펄펄 끓여 뜨거운 상태에서 오이에 부은 후 뜨지 않게 무거운 것을 얹는다.

4. 3일 뒤 간장물만 따라 다시 한 번 끓여서 식힌 뒤 오이에 부어 저온 저장고에 보관한다.

5. 2달 정도면 맛이 들기 시작한다.

6. 먹을 때마다 얄팍하게 썰어 다진 파와 깨소금, 참기름을 넣어 양념한다.

재료

주재료

오이 10개

부재료

소금 약간

절임장

간장 4컵, 설탕 1.5컵, 식초 1.5컵, 물 1컵, 통마늘 8쪽, 생강 1톨, 마른 고추 3개

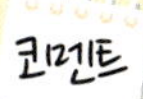

- 일부 장아찌는 절임장을 식힌 뒤에 붓지만 오이장아찌만큼은 뜨거운 상태에서 부어야 무르지 않고 아삭아삭하다.
- 짧은 시일에 먹을 것은 오이를 0.3cm 두께로 썰어서 담그고, 오래 저장해 두고 먹을 것은 통째로 담가야 끝까지 짜지 않은 장아찌를 즐길 수 있다.

새송이버섯장아찌

쫄깃한 식감이 일품인 장아찌

만드는 법

1. 줄기가 굵고 길이가 짧은 새송이버섯을 준비하여 길이로 3등분한다.

2. 멸치육수를 준비한다. 양파는 껍질을 벗겨 씻은 후 얇게 썰어 주고, 마늘은 도톰하게 저민다. 청양고추는 꼭지를 떼고 2등분한다. 냄비에 물을 넣고 채소와 국멸치, 새우를 넣고 약한 불에서 끓이다가 불을 끄고 1시간 정도 두었다 육수만 밭친다.

3. 냄비에 절임장 재료를 넣고 펄펄 끓인다.

4. 준비해 둔 새송이버섯을 용기에 담고 펄펄 끓는 절임장을 부은 후 식으면 냉장고에 넣어 뒀다가 하루 정도 지난 뒤에 간장물만 따라 부어 끓인 다음 식혀서 다시 붓는다.

5. 만든 후 간이 배면 바로 먹을 수 있다.

재료

주재료

새송이버섯 8개

멸치육수

양파 1/4개, 마늘 5쪽, 청양고추 3개, 물 6컵, 국멸치 10개, 새우 3큰술

절임장

간장 2컵, 멸치육수 5컵, 올리고당 1/2컵, 맛술 1/2컵

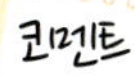

코멘트
- 냉장고에 보관하여도 다른 장아찌보다는 저장 기간이 길지 않으므로 소량 준비해서 담가 먹는 것이 좋다.
- 맵거나 짜지 않은 순한 맛의 장아찌이므로 노인이나 아동에게 좋고 죽에도 잘 어울린다.
- 표고버섯을 넣을 경우에는 마른 표고버섯을 불려서 줄기만 자르고 넣어 주어야 쫄깃한 버섯의 질감을 살릴 수 있다.

깻잎장아찌

깊은 감칠맛과 향이 나는 대중적인 깻잎장아찌

만드는 법

1. 깻잎은 씻어서 체에 밭쳐 물기를 제거한 후 1묶음씩 차곡차곡 포갠 다음 뒤집어서 통에 담는다.

2. 다시마멸치육수 재료를 냄비에 넣어 30분 정도 불린 뒤 중간 불에서 15분 정도 끓이다가 불을 끄고 고운체에 거른다.

3. 절임장 재료를 냄비에 담고 한소끔 끓인다.

4. 깻잎에 뜨거운 절임장을 부어 준 다음 하루가 지나면 깻잎을 다시 뒤집어서 넣는다.

5. 담근 지 이틀이 지나면 바로 먹을 수 있다.

6. 냉장고에 보관하며 먹을 때마다 양념을 적당히 넣어 무친다.

재료

주재료

깻잎 30묶음(1묶음=10장)

다시마멸치육수

물 4컵, 양파 1/6개, 마른 고추 1개, 다시마 1조각, 국물멸치 10개, 마른 새우 20개, 마른 표고버섯 1장

절임장

간장 2컵, 다시마멸치육수 3컵, 저민 생강 5쪽, 참치액젓 3큰술, 황설탕 1큰술, 올리고당 6큰술

양념

들기름, 깨소금, 밤채

코멘트

• 깻잎은 사계절 구입이 쉽고 김치, 부각, 자반 등 다양한 조리에 사용되는 쓰임새가 많은 식재료 중 하나다. 또한 칼슘, 칼륨, 철분이 풍부해 빈혈, 피부 미용, 기관지에 좋다.

풋고추장아찌

채소 본연의 맛을 살려 주는 풋고추장아찌

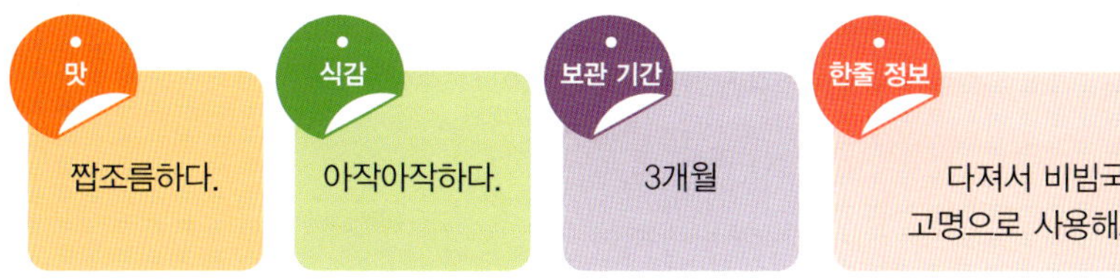

만드는 법

1. 고추는 물에 씻은 후 체에 받쳐 물기를 없앤다.

2. 고추는 꼭지를 끝부분만 조금 자른 다음 나무 꼬치로 두어 군데 구멍을 낸다.

3. 냄비에 절임장 재료를 넣어 고루 섞은 후 한소끔 끓여 준 다음 식혀 둔다.

4. 준비한 용기에 고추를 넣고 절임장을 부어 준다.

5. 3일 후 절임장만 한 번 더 끓여서 식힌 다음 다시 부어 주고 냉장고에 보관한다.

   고추가 뜨지 않게 무거운 것으로 눌러 주거나 고추를 담아서 절임장과 보관하면 아작아작한 식감이 나서 더 맛있다.

6. 2주 후부터는 먹을 수 있다.

재료

주재료

풋고추 400g

절임장

간장 · 식초 · 물 각각 2컵, 설탕 2/3컵

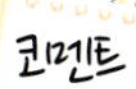

- 양념 없이 장아찌 그대로 먹어도 좋고, 어슷하게 썰어 양념(고춧가루 · 깨소금 · 참기름 · 다진 파 약간씩)에 무쳐서 먹어도 좋다.
- 피클이 없을 때 대체해서 먹어도 좋은, 할라피뇨(jalapeno) 그 이상으로 맛있는 우리의 장아찌다.

총각무장아찌

아삭아삭하고 새콤달콤한 장아찌

만드는 법

1. 총각무는 손질하여 0.5cm 두께로 썬다.

2. 홍고추는 1cm 두께로 둥글게 썬다.

3. 냄비에 절임장 재료를 넣어 살짝 끓인 후 고추씨를 걸러 주고 절임장물만 받쳐서 식혀 둔다.

4. 밀폐 용기에 총각무와 홍고추를 담고 절임장을 부어 준 다음 이틀 정도 후에 간장물만 다시 한 번 끓여서 식혀 부은 뒤 냉장고에 보관한다.

5. 3주 후 정도 되어 맛이 적당히 들었을 때 먹는다.

재료

주재료

총각무 2kg

부재료

홍고추 5개

절임장

간장 2컵, 식초 2컵, 설탕 1/4컵, 소금 10g, 고추씨 1/3컵, 물 2컵

코멘트

- 오이 피클 같은 새콤달콤한 맛이 나는 한국식 무간장 피클이라고 할 수 있다.
- 청양고추를 약간 넣어서 담그면 매콤한 맛이 입맛을 돋운다.
- 총각무는 육질이 단단하고 매끈한 것을 선택한다.
- 총각무 껍질에는 비타민 C가 많으므로 손질할 때는 무 껍질을 깍아 내지 말고 겉을 깨끗이 씻는다.

무채장아찌

꼬들꼬들한 무에 간장 맛이 어우러진 장아찌

만드는 법

1. 무는 몸이 단단하고 단맛이 나는 것으로 골라 깨끗이 씻은 다음 굵직하게 채 썬다.

2. 1차 절임장을 잘 혼합하여 무채에 붓고 하루쯤 서늘한 곳에 두어 맛을 들인다.

3. 무채에 간이 들면 무채만 건져서 채소용 탈수기에서 물기를 꼭 짠다.

4. 3의 남은 간장물에 2차 절임장 재료를 넣고 팔팔 끓여 걸러서 식힌 뒤 무채에 다시 붓는다. 하루가 지난 뒤에 간장물 다시 붓기를 같은 방법으로 3~5번 반복한다.

5. 3~4일 후부터는 먹을 수 있다.

6. 먹을 때마다 고춧가루 약간, 참기름, 마늘, 통깨, 물엿을 넣고 무친다.

재료

주재료

무 1kg

1차 절임장

간장 1.3컵, 설탕 1/3컵

2차 절임장

마른 고추 3개, 마늘 3쪽, 청주 1/3컵

- 깊은 맛의 장아찌보다 만들기 쉽고 빠른 시간 안에 먹을 수 있어 편리한 즉석 장아찌다.
- 무가 맛있어지는 계절 11월경에 만들면 적기.

마늘식초장아찌

새콤달콤함이 입맛을 돋우는 장아찌

만드는 법

1. 마늘은 속껍질을 제외한 겉껍질만 벗긴다.
2. 절임장 재료가 잘 섞이도록 혼합한다.
3. 용기에 마늘을 담고 절임장을 부은 후 냉장 보관하여 100일 뒤에 먹는다.

주재료

마늘 25통(1통=대략 6쪽)

절임장

물 3컵, 사과식초 1.5컵, 황설탕 1.3컵, 소금 1/2컵

주재료

마늘 1묶음(50통)

절임장

물 6컵, 사과식초 3컵, 황설탕 2.5컵, 소금 1컵

- 마늘을 식초에 절이면 특유의 향과 매운맛이 사라지고 식초의 이로운 성분과 작용이 합해져 약효가 증가한다.
- 절임장에 황설탕을 넣어 주면 옅은 갈색이 나면서 깔끔한 맛이 난다.
- 마늘은 냄새를 제외하고는 해로울 것이 없는 강장 식품이다.
- 주성분은 알리신(allicin)으로 혈액 순환을 촉진하여 면역력을 강화하고 살균 효과가 뛰어나다.
- 마늘은 쪽이 크고 둥글며 단단한 6쪽 마늘이 좋다.

생강초절임

생강 향과 새콤달콤한 단촛물이 조화로운 초절임

맛	식감	보관 기간	한줄 정보
새콤달콤하다.	아삭아삭하다.	3주 정도	볶음밥, 볶음면과 잘 어울린다.

만드는 법

1. 생강 껍질을 벗기고 물에 깨끗이 씻은 다음 채반에서 물기를 제거하고 칼로 얇게 썰어 준다.
   Point 슬라이스용 채칼로 밀어 주면 편리하다.
2. 냄비에 생강과 생강이 잠길 정도의 물을 넣고 약 1분 정도 삶아 준다.
3. 삶은 생강을 체에 밭쳐 물기를 빼 준다.
4. 냄비에 단촛물 재료를 넣고 설탕과 소금이 녹을 정도로 끓인 다음 식혀 준다.
5. 용기를 두 개 준비해서 생강과 단촛물을 반씩 나누어 절이고, 한쪽 용기에만 차조기잎을 넣어 주면 분홍색 생강초절임이 완성된다.
6. 3~4일 후면 먹을 수 있다.

재료

주재료
햇생강 200g

부재료
차조기잎(붉은 깻잎) 약간

단촛물
식초 1/2컵, 물 1/2컵, 설탕 4큰술, 소금 1/2큰술

코멘트
- 초절임용 생강은 굵고 연한 햇생강을 선택한다.
- 비린 생선 요리와 느끼한 고기 요리를 먹을 때 생강초절임을 한두 점씩 먹으면 냄새가 제거되고 식중독도 예방할 수 있다.

오이지

아작아작하게 씹히는 질감이 매력인 장아찌

만드는 법

1. 오이는 몸이 쪽 고른 조선오이를 준비하여 꼭지 등을 손질하지 않은 상태로 흐르는 물에 씻는다.

2. 용기에 오이를 차곡차곡 담는다.

3. 소금물을 펄펄 끓여서 뜨거운 상태로 **2**의 용기에 붓는다.

4. 오이가 물 위로 떠오르지 않도록 무거운 돌 등으로 눌러 놓았다가 2주 후에 먹는다.

재료

주재료

오이 15개

소금물

물 15컵, 굵은 소금 2컵

- 오이가 한창인 5∼6월에 준비해 두면 3개월 이상 먹을 수 있다. 뜨거운 소금물을 부어야 싱싱하고 아작아작한 오이지 맛을 즐길 수 있다.
- 오이지를 물에 담갔다가 꼭 짠 뒤 양념(고춧가루 · 참기름 · 깨소금 · 올리고당 · 다진 파 · 다진 마늘 약간씩)에 조물조물 무쳐도 맛있고, 여름날 시원한 얼음물에 식초 약간과 파 송송 썬 것을 넣어 국 대신 먹어도 상큼하다.

우엉장아찌

우엉의 질감이 느껴져 씹는 맛이 살아 있는 장아찌

만드는 법

1. 우엉 껍질은 필러를 이용해 얇게 벗긴다.
2. 우엉을 어슷하게 썰어 물에 담갔다가 끓는 물에 살짝 데친다.
3. 냄비에 물을 붓고 다시마, 국멸치, 새우, 생강즙을 넣어 약한 불에서 끓이다가 불을 끈 후 1시간 뒤에 밭쳐 다시마멸치육수를 준비한다.
4. 냄비에 절임장 재료를 넣고 끓으면 식힌다.
5. 용기에 우엉을 넣고 절임장을 부어 준다.
6. 3일 후 간장물만 따라 내어 끓인 다음 식혀서 다시 붓는다.
7. 1주일 정도 지나면 맛이 들어 입맛 도는 우엉장아찌가 된다.

재료

주재료

우엉 3뿌리

다시마멸치육수

물 5컵, 다시마 1장, 국멸치 1/2컵, 새우 1/3컵, 생강즙 2작은술

절임장

간장 0.5컵, 물엿 1컵, 식초 1컵, 다시마멸치육수 1.5컵, 소금 약간

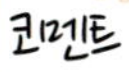

코멘트

- 우엉에는 당뇨병 치료에 효과가 있는 이눌린(inulin) 성분이 많이 함유되어 있어 당뇨병 환자에게 좋다. 또한 섬유소와 철분이 풍부해서 변비뿐 아니라 빈혈 치료에도 도움이 된다.
- 우엉장아찌는 보관 기간도 길고, 조림으로 만들었을 때보다 맛이 더 깔끔하고 아삭아삭한 식감이 좋다.

무짠지

다음 해 봄 입맛을 살려 줄 짭짤한 무짠지

만드는 법

1. 무는 무청 부분만 제거하고 물에서 닦되 상처 내지 않는다.

2. 큰 그릇에 굵은 소금 4컵을 넣고 무를 굴려 가면서 소금을 묻힌 후 항아리에 담는다.

3. 이틀 정도 지난 후 고추씨를 넣고, 나머지 소금과 물로 소금물을 만들어 무가 고루 젖게 항아리에 부어 준다.

4. 무가 뜨지 않게 무거운 물건으로 눌러 준다.

5. 5개월 후부터 먹을 수 있다.

재료

주재료

무 6개(개당 1.5kg 정도)

부재료

굵은 소금 2kg(약 11컵), 고추씨 2컵, 물 3L

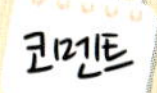 **코멘트**
- 고추씨를 넣어 주면 매콤한 맛도 나고 짠지의 색도 노르스름해진다.
- 볏짚이 있을 경우 무의 윗부분을 덮어 주면 시간이 지나도 변질하지 않는다.

무짠지무침

재료 · 무짠지 1개, 고춧가루 4큰술, 다진 파 2큰술, 다진 마늘 1큰술, 올리고당 1큰술, 설탕 1작은술, 참기름 2큰술, 통깨

명이장아찌

명이장아찌

먹을수록 장수하는, 마늘 향을 가진 장아찌

만드는 법

1. 명이는 손질하여 씻은 후 채반에 건져 놓는다.

2. 사과와 레몬, 양파는 얇게 썰어 놓는다.

3. 절임장을 준비한다.
   절임장 재료 중 레몬을 제외한 모든 재료를 냄비에 넣고 끓인다. 팔팔 끓으면 불을 줄이고 레몬을 넣어 다시 한 번 살짝 끓인 다음 불을 끄고 국물을 체에 밭쳐 식혀 둔다.

4. 밀폐 용기에 명이를 차곡차곡 담고, 식혀 둔 절임장을 명이가 잠길 정도로 부은 뒤 무거운 물건으로 눌러 놓는다.

5. 3~4일 후 절임장만 쏟아 다시 끓여서 식혀 붓기를 3회 정도 반복한 후 냉장고에 보관한다.

6. 1주일 후부터 먹을 수 있다.

주재료

명이 1kg

절임장

사과 1개, 레몬 3개, 양파 1개, 간장 900g, 물 500g, 소주 1/2컵, 매실청 1/2컵, 다시마 10×10cm 2장, 마른 고추 4개

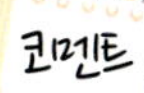

- 명이는 비타민 A가 풍부한 잎채소로 뿌리는 혈액 순환에 좋아 말려서 한약재로도 사용한다.
- 부드러운 맛과 은근한 향이 좋아 장아찌로도 좋지만 생채 쌈으로도 먹는다.

울외술지게미장아찌

아삭아삭하고 달콤한 장아찌, 일명 나라즈케

맛
달콤하다.

식감
아삭아삭하다.

보관 기간
6개월

한줄 정보
김밥이나 김초밥에 어울린다.

만드는 법

1. 울외는 반을 갈라 수저로 속을 깨끗이 파내고 그 빈자리를 굵은 소금으로 채워 넣은 다음 약 24시간 정도 절인다.

2. 1에서 나온 소금물에 울외를 씻은 다음 자루에 넣어 무거운 것으로 눌러 물기를 완전히 빼 준다.

3. 술지게미 양념을 만들어 울외의 속을 채운 다음 용기에 차곡차곡 담아 맨 위에 남은 술지게미 양념을 얹고 위생 비닐로 덮어 냉장고에서 20일 정도 숙성시킨 후 먹는다.

4. 숙성 시간이 지날수록 술지게미의 색이 옅은 갈색으로 짙어지면서 맛도 더 깊어진다.

재료

주재료
울외 25개

부재료
굵은 소금 적당량

술지게미(주박) 양념
술지게미 5kg, 설탕 300g, 청주 180mL

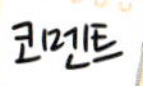

- 울외는 박과 식물로 박과 오이와 참외를 두루 닮았는데 참외, 산외, 수세미외 등에서의 '외'는 '오이'라는 뜻이다.
- 우리나라 울외 생산량의 60~70%는 군산에서 재배되는 울외가 차지하고 있는데, 군산 울외는 대개 술지게미 절임으로 가공된다. 술지게미는 청주를 생산하고 남은 찌꺼기를 말하며 주박이라고도 부른다.
- 울외는 일본의 채소 절임 중 하나인 나라즈케를 만드는 재료다. 일본은 채소를 소금, 식초, 된장, 쌀겨, 술지게미 등으로 절여 저장하는데 술지게미로 절이는 것을 나라즈케라고 한다.

깻잎된장장아찌

52

물에 찬밥을 말아 척 얹어 먹어도 맛있는 장아찌

맛	식감	보관 기간	한줄 정보
짭조름하다.	야들야들하다.	6개월	살짝 쪄서 먹어도 좋다.

만드는 법

1. 깻잎을 씻어서 채반에 건진다.

2. 끓는 물에 깻잎 4~5장을 튀기듯이 2~3초간 데쳐 낸다.

3. 살짝 데쳐 낸 깻잎을 채반에 밭쳐 물기를 빼낸다.

4. 절임장 재료를 믹서에 넣고 혼합한다.

5. 깻잎을 4~5장씩 포개서 절임장을 얹어 가며 펴 준다.

6. 하룻밤 지나서 깻잎의 위아래 자리를 바꿔 주고 냉장고에 보관한다.

7. 4일 정도 지나면 짜지 않고 담백한 깻잎된장장아찌 맛을 볼 수 있다.

재료

주재료

깻잎 10묶음(1묶음＝10장)

절임장

된장 3큰술, 다시마멸치육수 3/4컵, 밥 3큰술, 다진 마늘 1큰술, 양파 1/4개, 조청 2큰술

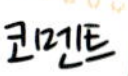
코멘트
- 대부분의 깻잎된장장아찌는 염도가 높아서 선호도가 낮은데 된장과 다시마멸치육수를 섞어서 재우면 짜지 않은 심심함과 특유의 담백한 맛으로 입맛이 없을 때 식욕을 돋우는 밑반찬이 된다.
- 깻잎을 데쳐서 사용하면 질기지 않고 부드러워서 어린 아동도 손쉽게 거부감 없이 먹을 수 있다.

콩잎된장장아찌

54

만드는 법

1. 콩잎은 물에서 깨끗이 씻은 후 채반에서 물기를 제거한다.

2. 믹서에 된장 2컵, 멸치 액젓 2컵, 다시마멸치육수 2컵, 맛술 1컵, 올리고당 1/2컵을 넣고 갈아 된장 양념을 만든다.

3. 콩잎을 1묶음씩 된장 양념에 가볍게 버무려 준 다음 밀폐 용기에 차곡차곡 넣는다.

4. 남은 된장 양념을 위에 부어서 실온에서 2주일 정도 숙성시킨 후 냉장 보관한다.

5. 한 달 후부터 먹을 수 있다.

6. 먹을 때마다 1묶음씩 꺼내서 된장을 훑어 내고 참기름, 깨소금을 넣어 버무려 낸다.

재료

주재료
콩잎 10묶음(1묶음=10장)

된장 양념
된장 2컵, 멸치 액젓 2컵, 다시마멸치육수 2컵, 맛술 1컵, 올리고당 1/2컵

· 콩잎은 콩만큼이나 성인병이나 골다공증, 심장병 예방에 좋은 식품으로 콩잎장아찌는 경상남도 창원이나 양산 지역에서 담가 먹던 대표적인 향토 음식이다.

북어포장아찌

고추장이 어우러진 쫄깃하고 구수한 북어포

만드는 법

1. 북어포는 6cm 길이로 깨끗이 손질하여 놓는다.

2. 분량대로 절임장 재료를 섞어 놓는다.

3. 북어포에 절임장 양의 1/2을 넣고 버무려 준다.

4. 남은 절임장의 약간을 용기 바닥에 깔고 양념한 북어포의 1/3을 넣고 그 위로 절임장 일부를 얹고 다시 위에 남은 나머지 양념한 북어포를 얹고 절임장으로 마무리한다.

5. 한 달 후 꺼내서 고추장을 훑고 무침 양념으로 양념하면서 올리고당으로 단맛을 조절한다.

재료

주재료

북어포(황태포) 400g

절임장

고추장 10큰술, 국간장 1큰술이나 멸치 또는 까나리 액젓 1큰술, 올리고당 3큰술

무침 양념

대파 · 참기름 · 깨소금 약간씩

- 입맛이 없을 때 물을 말아서 밥 위에 얹어 먹는 구수한 북어포장아찌의 맛은 잊을 수 없다.
- 고추장 맛이 북어에 잘 배도록 하려면 1토막씩 꺼낸 뒤 적당한 크기로 찢어 다시 담는 것도 좋은 방법이다.

매실고추장장아찌

새콤달콤한 맛과 향이 입맛을 돋우는 장아찌

맛	식감	보관 기간	한줄 정보
새콤달콤하다.	꼬들꼬들하다.	6개월	냉면에 곁들여 먹으면 좋다.

만드는 법

1. 매실을 씻은 후 나무 꼬치로 꼭지의 점을 제거한다.
2. 매실에 칼집을 내어 열매살만 도려내고 소금물에 하룻밤 절인다.
3. 매실은 채반에 건져 물기를 말린다.
4. **3**의 매실에 설탕량의 2/3를 넣어 고루 버무린 다음 용기에 담고, 남은 설탕은 윗면에 골고루 뿌리고 비닐로 덮어 준다.
5. 한 달 후 매실장아찌가 살짝 덮일 정도의 매실청만 남기고 나머지 매실청은 다른 용기에 따로 보관한다. 김치냉장고에 보관하면 변질하지 않고 아삭아삭한 매실장아찌가 된다.
6. 3개월 후부터 먹을 수 있다.
7. 먹을 때마다 무침장 재료로 양념하여 마무리한다.

재료

주재료

매실 5kg

부재료

설탕 2.3kg

소금물

물(매실이 잠길 정도의 양), 소금 500g

무침장

고추장 · 올리고당 · 깨소금 · 소주 적당히

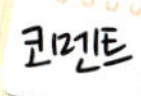

- 매실에는 구연산을 비롯한 각종 유기산과 비타민이 풍부하고 배탈이나 식중독에도 효과적이다.
- 매실로 농축액이나 술, 식초 등을 만들어 사용하는데 이렇게 하면 약효도 좋아지고 저장성도 높아진다.
- 6월 중순에서 말경에 나오는 매실이 가장 좋은데 장아찌용은 청매로서 알이 크고 단단해야 아삭아삭한 장아찌가 된다.

마늘종고추장장아찌

단촛물과 고추장이 잘 어우러져 입맛을 돋우는 장아찌

맛	식감	보관 기간	한줄 정보
매콤, 달콤하다.	꼬들꼬들하다.	6개월	5~6월이 제철이다.

만드는 법

1. 마늘종을 씻은 후 4~5cm 정도로 자른다.

2. 단촛물 재료를 잘 혼합한다.

3. 비닐봉지에 마늘종과 단촛물을 넣고 묶어서 3일간 재워 둔다.

    이때 하루에 한번 굴려 주어 단촛물 맛이 고루 배게 한다.

4. 3일 후 체에 밭쳐 단촛물을 버린다. 마늘종은 물에 씻지 않는다.

5. 절임장 재료는 혼합하여 준비한다.

6. 4의 마늘종을 절임장에 버무려 주고 용기에 담아 3~4일간 실온에서 보관한다.

7. 보름 정도 지나서 참기름과 깨소금으로 양념하여 먹기 시작한다.

재료

주재료

마늘종 500g

단촛물

식초 1/2컵, 설탕 60g, 소금 30g

절임장

고추장 250g, 매실청 80g, 올리고당 160g, 고춧가루 15g

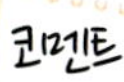
코멘트
· 마늘종장아찌는 아삭아삭 씹히는 맛과 마늘 향을 동시에 가지고 있는 맛깔스러운 장아찌다. 또한 보쌈이나 삼겹살구이를 먹을 때 마늘 대신 먹어도 느끼하지 않고 체내에 고기에 있는 비타민 B_1의 흡수를 도와준다. 남은 고추장 절임장은 버리지 말고 초고추장 양념으로 활용해도 좋다.

사과고추장장아찌

62

상큼한 향과 아삭아삭한 질감이 있는 장아찌

만드는 법

1. 사과를 씻어서 물기를 뺀 후 0.3cm 두께로 썰어 건조한다.
2. 절임장을 만들어 둔다.
3. 말린 사과에 절임장이 잘 스며들도록 버무린다.
4. 냉장고에서 10일 정도 보관한 후 꺼내서 깨소금만 넣어 양념한다.

재료

주재료

말린 사과 250g

절임장

고추장 6큰술, 멸치 또는 까나리 액젓 4큰술, 올리고당 4큰술, 고춧가루 4큰술, 다진 마늘 2큰술

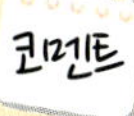

- 사과는 알칼리성 식품으로 다양한 비타민이 들어 있고, 껍질에는 섬유질이 풍부하여 장 청소를 원활하게 해 준다. 특히 제철 사과에는 이러한 영양소가 풍부하여 장아찌로 만든다면 흡수율이 좋을 것이다.
- 달콤한 맛과 쫄깃한 질감, 상큼한 향기가 고기 요리와 잘 어울리는 장아찌다.
- 장아찌용으로는 육질이 단단하고 은은한 향기가 나는 것을 선택한다.

노가리고추장장아찌

비리지 않고 구수하며 깔끔하고 담백한 장아찌

맛	식감	보관 기간	한줄 정보
매콤, 달콤, 구수하다.	쫄깃쫄깃하다.	6개월	굴비장아찌 대용으로 해 먹으면 좋다.

만드는 법

1. 손질된 노가리포를 준비한 다음 적당한 크기로 자른다.

2. 분량의 재료를 혼합하여 절임장을 만든다.

3. 노가리포를 절임장에 섞은 후 양념이 잘 스며들도록 버무려 준다.

4. 냉장고에 보관하고, 한 달 후면 숙성되어서 무침으로 만들었을 때보다 더 깊은 맛이 나는 장아찌가 된다.

5. 꺼내서 참기름과 깨소금으로 양념하고, 단맛이 부족하면 꿀이나 올리고당을 첨가한다.

재료

주재료

노가리포 300g

절임장

고추장 2컵(520g), 꿀 1/2컵, 올리고당 1컵, 매실 진액 1컵, 고운 고춧가루 3큰술, 간장 2큰술, 술 2큰술, 맛술 1큰술, 다진 마늘 2큰술, 생강즙 1큰술

코멘트
- 잘 숙성된 노가리장아찌는 어찌 보면 굴비장아찌와 그 맛이 흡사하여 값비싼 굴비장아찌의 맛을 대체하기에 효과 만점인 장아찌다.
- 노가리는 단맛이 나지 않는 것을 선택한다.
- 노가리는 비리지 않고 깔끔하고 담백해서 좋다.

더덕고추장장아찌

향이 깊고 그윽한 장아찌

맛	식감	보관 기간	한줄 정보
매콤, 쌉쌀하다.	쫄깃쫄깃, 아작아작하다.	6개월	밑반찬으로 더없이 좋은 장아찌다.

만드는 법

1. 더덕은 깨끗이 씻어 껍질을 벗기고 소금물에 1시간 동안 담가서 준비한다.

2. 더덕의 물기를 거두고 반으로 갈라서 방망이로 납작하게 두들겨 채반에서 하룻밤 건조한다.

3. 냄비에 물 10컵을 붓고 다시마 3장, 국멸치 1컵을 넣고 약한 불에서 살짝 끓이다가 불을 끄고 청주 1큰술, 저민 생강 2조각, 황설탕 1큰술을 넣어 다시 살짝 끓이고 1시간 후 체에서 밭쳐 다시마멸치육수를 준비한다.

4. 볼에 절임장 재료를 넣어 잘 혼합한다.

5. 더덕을 절임장에 재운 후 용기에 담고 더덕 위에 절임장을 넉넉히 얹은 후 위생 비닐로 덮고 용기의 뚜껑을 닫는다.

6. 저온 저장고에 보관 후 3주 후부터 먹는다.

재료

주재료

더덕 500g

소금물

소금 1큰술, 물 3컵

다시마멸치육수

물 10컵, 다시마 4×5cm 3장, 국멸치 1컵, 청주 1큰술, 저민 생강 2조각, 황설탕 1큰술

절임장

다시마멸치육수 1.5컵, 고추장 1/2컵, 고운 고춧가루 2/3컵, 매실청 2/3컵, 다진 마늘 3큰술, 고춧가루 1.5컵, 깨소금 약간, 물엿 5큰술, 멸치 또는 까나리 액젓 3큰술

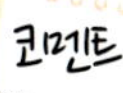

- 더덕은 강원도산과 제주산이 있는데 제주산은 껍질이 검은빛이 나고 연해서 생으로 먹는 요리에 적합하다. 반면 강원도산은 질기지만 향이 좋아 일반 요리나 장아찌에 적합하다.
- 더덕장아찌는 오래 두고 먹어도 좋지만 바로 참기름과 깨소금을 넣고 무쳐도 감칠맛이 난다(일반적으로 약 3~4개월이 지나야 제맛이 난다).

오이고추장장아찌

만드는 법

1. 오이는 씻어서 물기를 제거한다.

2. 냄비에 소금물을 끓여서 뜨거울 때 오이에 붓고 오이가 휘어질 정도로 절인다(대개 5시간 정도 소요).

3. 절인 오이는 물에 헹구어 망이나 광목 보자기에 넣어서 무거운 것으로 눌러 놓는다.

4. 이틀 정도 지나 오이가 꾸덕꾸덕해지면 고추장 2컵을 넣어 고루 비벼 준다.

5. 오이를 용기에 담고 나머지 고추장을 위에 얹어 준 다음 냉장고에 보관한다.

6. 2개월 지났을 때 가장 맛이 좋아진다.

7. 먹을 때마다 고추장을 훑어 내고 얄팍하게 썰어 물엿을 넣고 고루 주물러 준 다음 꼭 짠다.

8. 무침 양념을 넣어 고루 무쳐 준다.

재료

주재료
오이 10개

부재료
소금, 고추장 4컵, 물엿

소금물
굵은 소금 1/2컵, 물 5컵

무침 양념
물엿 · 참기름 · 깨소금 · 다진 파 · 다진 마늘 약간

코멘트
· 오이장아찌는 뜨거운 소금물에 절여야 무르지 않고 아삭아삭한 질감이 난다.
· 장아찌류의 짠맛은 물엿을 넣어 주물러서 뺀다.

감고추장장아찌

아삭아삭하면서 단맛이 나는 매콤한 장아찌

만드는 법

1. 감의 꼭지 부분은 도려내지 않고 깔끔하게 정리하고 물로 깨끗이 씻어 물기를 제거한다.

2. 소금물은 끓여서 식혀 둔다.

3. 감을 용기에 담은 뒤 끓여서 식힌 소금물을 부어 주고, 감이 뜨지 않게 무거운 것으로 눌러 준 다음 서늘한 곳에 보관한다.

4. 감의 떫은 정도에 따라 절이는 기간을 정한다.

5. 절인 감은 1cm 미만으로 썰어 바람이 통하는 곳에서 채반이나 건조기에 놓고 꼬들꼬들해질 정도로 말려 준다.

6. 말린 감은 절임장에 버무려서 밀폐 용기에 꾹꾹 눌러 담고 위생 비닐로 덮어 준 후 뚜껑을 덮어 냉장고에서 보관한다.

7. 20일 정도 지나 맛이 들었을 때 참기름 · 깨소금 · 올리고당 약간씩을 넣어 무친다.

재료

주재료

장아찌용 감 2kg

소금물

굵은 소금 300g, 물 1.8L

절임장

고추장 8큰술, 올리고당 2큰술

코멘트

- 감고추장장아찌는 떫어 보이는 땡감으로 만들어야 무르지 않는 쫄깃쫄깃한 장아찌를 만들 수 있다.
- 떫은맛을 제거하기 위해 소금물에 담가 주는데 소금과 물의 비율은 대개 1 : 5 정도가 적당하다. 절이는 기간은 감의 상태에 따라 많이 떫으면 10~15일 정도, 맛이 어느 정도 들었다면 5~6일 정도가 적당하다.

도라지고추장장아찌

쌉싸름한 맛과 그윽한 향이 있는 장아찌

맛	식감	보관 기간	한줄 정보
쌉쌀, 매콤하다.	쫄깃쫄깃, 아작아작하다.	6개월	고추장 양념에 도라지 효소를 넣으면 좋다.

만드는 법

1. 도라지는 껍질을 벗긴 후 물기를 없앤다.

2. 도라지를 반으로 가른 후 밀대로 머리 부분을 두드려 준다.

3. 분량의 재료를 잘 섞어 고추장 양념을 만든다.

4. 고추장 양념의 1/2로 도라지를 버무린 후 밀폐 용기에 차곡차곡 채워 넣는다.

5. 나머지 고추장 양념을 도라지 윗부분에 고르게 편 후 위생 비닐을 덮어 냉장고에 보관한다. 20~30일이 지나면 숙성되어서 맛이 든다.

6. 꺼내 먹을 때는 도라지에 묻어 있는 고추장 양념을 훑어 내고 깨소금·참기름·올리고당·다진 파 약간씩을 넣어 무쳐서 상에 낸다.

재료

주재료

통도라지 300g

고추장 양념

고추장 2/3컵, 고운 고춧가루 1/3컵, 올리고당 10큰술, 흑설탕 2큰술, 소금 1/2큰술, 다시마물 2/3컵

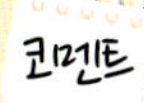

코멘트

- 도라지는 2년생으로 잔뿌리가 많지 않고 대가 통통하며 굵은 것이 장아찌를 담갔을 때 먹음직스럽고 맛도 좋다.
- 도라지의 통통한 윗부분을 밀대를 사용하여 톡톡 두드려 주면 더덕 같은 질감이 느껴지고 양념도 고루 배며 향이 깊어져 맛이 있다.

풋고추고추장장아찌

아작아작함과 매콤함이 어우러진 장아찌

맛	식감	보관 기간	한줄 정보
매콤, 짭짤하다.	아작아작하다.	6개월	곱게 다져 비빔국수에 고명으로 얹어도 좋다.

만드는 법

1. 고추는 물에 씻은 후 채반에서 물기를 제거한다.
2. 가위로 고추의 꼭지를 1cm 정도 남기고 자른 후 꼬치로 군데군데 찔러 준다.
3. 손질한 고추는 소금물에 넣어 2주 정도 삭혀 준다.
4. 분량의 재료를 잘 섞어 고추장 양념을 만든다.
5. 삭힌 고추는 고추장 양념의 2/3 분량에 버무려 준 다음 밀폐 용기에 차곡차곡 담고 나머지 양념을 위에 얹은 후 냉장고에 보관한다.
6. 한 달 후부터 먹기 시작한다.

재료

주재료

풋고추 300g

소금물

굵은 소금 3큰술, 물 3컵

고추장 양념

고추장 3컵, 물엿 1컵, 갈색 설탕 3큰술, 소주 1/4컵

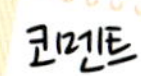

코멘트
- 풋고추는 여러 가지 방법으로 장아찌를 담가 먹는 재료 중 하나다.
- 풋고추고추장장아찌는 여름철 끝물에 나오는 작은 풋고추로 담그는 것이 모양도 예쁘고 맛도 좋다.

굴비고추장장아찌

잃었던 입맛이 살아나는 귀한 장아찌

맛	식감	보관 기간	한줄 정보
매콤, 짭짤하다.	꼬들꼬들하다.	6개월	진정한 밥도둑이다.

만드는 법

1. 조기는 내장을 빼고 비늘을 긁어 깨끗이 손질한 다음 소금물에 하룻밤 담가 둔다.

2. 조기는 물기를 빼고 채반이나 건조기에 널어 바싹 말려 굴비를 만든다.

3. 볼에 고추장 6컵, 물엿 2.5컵, 소주 1컵, 멸치 또는 까나리 액젓 1/4컵을 넣고 고루 섞어 고추장 양념을 만든다.

4. 굴비(소금에 절여 말린 조기)를 고추장 양념의 1/4 정도에 버무려 준다.

5. 용기에 굴비와 고추장 양념을 한 켜씩 켜켜로 담은 다음, 윗부분을 나머지 고추장 양념으로 마무리하고 위생 비닐로 덮어 약 2개월 정도 숙성시킨다.

6. 한 마리씩 꺼내서 잘게 찢은 후 다진 마늘, 참기름, 통깨를 넣어 무쳐 먹는다.

재료

주재료

굴비 1kg(조기 약 10마리)

소금물

물 5컵, 소금 1/3컵

고추장 양념

고추장 6컵, 물엿 2.5컵, 소주 1컵, 멸치 또는 까나리 액젓 1/4컵

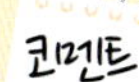

- 조기를 소금에 절여 통으로 말린 것을 굴비라고 한다.
- 고추장에 박아 먹는 장아찌라 해서 고추장굴비라고도 한다.

젓갈

굴젓 · 오징어젓 · 조개젓무침 · 명란젓 · 창난젓 · 가자미식해 ·
간장게장 · 명태회무침 · 밴댕이젓무침

젓갈이란 생선이나 패류의 살이나 알, 창자 등 내장을 소금에 절여 발효시킨 것을 말한다. 지리적 특성상 삼면이 바다로 둘러싸인 우리나라는 각종 어패류가 많이 채취되어 일찍부터 다양한 젓갈이 개발되었다. 각 지방이나 계절에 따라 채취되는 어패류가 다르므로 젓갈의 종류가 다양하고, 담그는 시기 및 발효 기술과 숙성 정도에 따라서도 여러 종류로 나뉜다.

☀ 우리의 일상 식사 속에서 살펴보면

1. 젓갈은 밥상을 위한 밑반찬으로 쓰인다. 사계절 어느 때나 입맛을 돋우는 기본 반찬 역할을 톡톡히 하므로 계절에 어울리는 젓갈을 준비하면 그 맛을 더 풍부하게 즐길 수 있다.

   새우젓, 조개젓, 소라젓, 곤쟁이젓, 밴댕이젓, 게장, 낙지젓, 멍게젓, 꼴뚜기젓, 명란젓, 오징어젓, 어리굴젓, 창난젓, 황석어젓 등은 통째로 소금에 절여 적정하게 발효되면 송송 썰어 갖은 양념(고춧가루, 깨소금, 파, 마늘, 참기름)에 무쳐 뜨거운 밥 위에 얹어 먹거나 각종 쌈에 싸서 먹기도 한다. 짭조름하면서도 쿰쿰한 냄새를 풍기는 밥도둑 젓갈은 김치, 각종 장류 등과 더불어 우리나라를 대표하는 발효 식품이기도 하다.

☀ 월별 젓갈 달력

월	젓갈의 종류	월	젓갈의 종류
1월	명란젓, 창난젓, 어리굴젓, 뱅어젓	2월	어리굴젓
3월	꼴뚜기젓, 밴댕이젓, 조기젓	4월	조기젓, 밴댕이젓, 꼴뚜기젓, 대합젓, 홍합젓
5월	멸치젓, 소라젓, 조개젓, 황석어젓, 뱅어젓	6월	갈치젓, 새우젓, 오징어젓
7월	오징어젓	8월	대합젓, 오징어젓
9월	살치젓	10월	어리굴젓, 토하젓(생이젓), 명란젓, 창난젓
11월	전복젓, 명란젓, 어리굴젓	12월	굴젓, 뱅어젓

2. 젓갈은 발효되는 동안 생긴 아미노산과 핵산의 독특한 맛과 향기로 각종 음식을 맛깔스럽게 하는 조미료로 사용된다.

대표적으로 젓갈은 김치의 중요한 양념으로 한 축을 이루고 있다. 건강식품으로 세계적인 인정을 받고 있는 발효 식품 김치에 들어가는 젓갈은 김치의 간을 돕고 단백질을 공급할 뿐 아니라 숙성되면서 독특한 향을 부여해 준다.

전국 팔도 고유의 별미 김치와 김치의 기본인 배추김치에는 향토 젓갈 등이 들어가서 독특한 맛과 색을 낸다. 강화의 순무김치에는 지역에서 채취된 밴댕이젓갈이 들어가며, 여수의 돌산갓김치에는 멸치 생젓이 들어가야 제대로 된 깊은 맛이 살아나는 것이 좋은 예가 된다.

☀ 젓갈별 김치 사용

젓갈명	사용법
새우젓(오젓)	5월에 담근 새우젓을 오젓이라 한다. 젓갈 중 가장 담백하고 시원한 맛을 내므로 거의 모든 김치에 조금씩 넣어 기본적인 맛을 낸다. 서울이나 경기도 등 중북부 지방에서 기본적으로 사용하는 젓갈이다. 뽀얗고 노랗게 삭아 고소한 맛을 내는 것을 골라서 사용한다. 주로 갈거나 다져서 쓴다.
새우젓(육젓)	6월에 담근 새우젓을 육젓이라 한다. 통통하고 밝은 색을 띤다. 주로 백김치나 비늘김치, 석류김치 등 무가 재료로 들어가는 김치에 넣어 주면 시원한 맛을 낸다. 깨끗한 국물김치에 넣을 때는 물에 건더기를 넣고 끓여서 식힌 다음 체에 걸러서 쓰고, 새우젓 건더기를 손으로 짠 국물은 소를 버무릴 때 소량 넣어 주면 비리지도 않고 감칠맛을 내준다.
황석어젓	참조기 새끼와 비슷하게 생긴 황석어로 담근 젓갈로 14~16cm 정도의 크기로 누런 빛이 나고 구수한 냄새가 나야 잘 삭은 것이다. 담백하게 담그는 서울식 배추포기김치에는 멸치 액젓 대신 황석어젓 국물을 넣어야 제맛이 난다. 건더기는 송송 썰어 갖은 양념에 무쳐서 밑반찬으로 먹으면 맛있다.
밴댕이젓	기름기가 없어 맛이 깔끔한 젓갈로 담백하게 담그는 김치에 적합하고, 강화의 특산품인 순무김치에는 꼭 들어가는 젓갈이다. 순무에 덜 삭힌 밴댕이젓갈을 통째로 넣고 숙성된 후 먹으면 순무보다도 고소한 밴댕이 먹는 맛이 각별하다.
갈치 속젓	3년 이상 곰삭힌 갈치젓갈로 건더기째 갈거나 다져서 사용한다. 곰삭은 젓갈은 비린내가 적고 구수한 감칠맛이 있어 갈치포김치, 갈치무석박이, 풋마늘김치, 부추김치 등에 넣는다. 진한 젓갈 맛이 필요한 김치에는 멸치 생젓을 섞어서 사용하거나 번갈아 가며 쓴다. 예를 들어 국물을 넣을 때는 멸치 생젓을, 건더기째 넣을 때는 갈치 속젓을 사용한다.
곤쟁이젓	감동젓이라는 별명을 갖고 있는 곤쟁이젓은 강화 지역에서 나는 아주 작은 새우로 만든 젓갈로 약간 쌉쌀하면서도 특유의 향이 있어 독특한 맛을 낸다. 감동젓무라는 무김치에는 곤쟁이젓이 들어가야 제맛이 난다.

젓갈명	사용법
멸치 생젓	멸치젓을 담가 위에 뜨는 맑은 액젓을 따라내고 남은 건더기를 멸치 생젓이라 한다. 구수하면서도 곰삭은 맛을 낸다. 곰삭아서 흐물흐물해진 건더기는 갈아서 사용한다. 주로 푸른 잎이 많은 돌산갓이나 쪽파, 무청, 풋마늘, 고들빼기, 총각무 등을 가지고 전라도식으로 담그는 김치에는 생젓이 들어가야 제대로 된 깊은 맛이 난다. 생젓은 끓이지 않고 그대로 갈아서 사용하므로 젓갈에 들어 있는 미생물이 살아 있어서 더 풍부한 맛을 낼 뿐 아니라 영양적으로도 우수하다.
멸치 액젓	멸치젓의 맑은 국물을 멸치 액젓이라 하는데 구수하고 뒤끝이 달콤하여 세우젓과 더불어 김치에 가장 많이 사용된다. 멸치젓을 고를 때는 뼈가 보이지 않을 정도로 푹 삭은 것을 골라야 비린내가 나지 않고 달착지근한 맛을 낸다. 3년 정도 잘 삭은 것을 거른 멸치 액젓은 오미자차처럼 맑고 고운 색을 낸다. 멸치 액젓은 부추김치나 파김치, 갓김치에 넣으면 깊은 맛이 난다.

곰삭은 젓갈을 거른 맑은 액젓은 국간장 대용으로 사용할 수 있다. 국간장보다 더 구수하고 적당한 풍미와 달착지근한 뒷맛을 가지고 있어서 국이나 찌개에 호렴(굵은 소금)과 더불어 간을 맞출 때 사용하면 국맛을 시원하게 만들어 주고 다른 양념과 조화를 이룬다.

또한 각종 나물무침에도 진간장 대신 약간씩 넣어 주면 색도 깔끔하고 구수한 맛도 낸다. 그 밖에 양념장으로 넣어 주면 주재료의 맛을 잘 살릴 수 있어서 조미료로서의 활용 범위가 넓다고 하겠다.

굴젓

만드는 법

1. 굴은 연한 소금물에 씻어 물기를 뺀 후 청주에 20분 정도 담가 두었다가 다시 한 번 소금물에 살짝 씻는다.

2. 용기에 굴과 굵은 소금을 넣어 서늘한 곳에서 이틀 정도 삭힌다.

3. 삭힌 굴을 그릇에 담고 양념을 넣어 고루 가볍게 버무린 다음 서늘한 곳에서 이틀 정도 숙성시킨 후 냉장고나 김치냉장고에서 보관한다.

4. 1주일 후부터 먹기 시작한다.

재료

주재료

굴젓용 굴(작은 굴) 500g

부재료

소금 1큰술, 청주 1/2컵, 굵은 소금 1/3컵

양념

고운 고춧가루 1/4컵, 중간 입자 고춧가루 1/4컵, 다진 마늘 3큰술, 멸치 또는 까나리 액젓 2큰술, 맛술 2큰술, 생강즙 2작은술

코멘트

- 굴은 바다의 우유라고 할 정도로 영양의 보고인 식재료 중 하나이며 조리법 또한 다양하다.
- 굴젓은 늦가을에서 이른 봄까지 먹을 수 있는 밑반찬이다.
- 어리굴젓은 '어리어리하다', 즉 가볍게 버무려 즉석에서 먹을 수 있다는 표현에서 나온 조리명으로, 손질한 굴은 양념하여 바로 먹을 수 있으며 긴 저장 기간이 필요하지 않으므로 배와 무 등을 곁들일 수 있다.

오징어젓

심심하게 절여서 짜지 않고 맛있는 오징어젓

맛	식감	보관 기간	한줄 정보
매콤, 달콤, 짭조름하다.	말캉말캉, 쫀득쫀득하다.	1개월	아이들도 좋아하는 젓갈이다.

만드는 법

1. 오징어는 생물로 준비하여 껍질을 벗기고 나무젓가락 굵기로 채를 썬다.

2. 오징어채에 굵은 소금을 넣어 버무린 후 채반에 올려놓고 쟁반을 받친 후 냉장고에 하룻밤 둔다.

3. 준비한 오징어채를 그릇에 담고 양념을 넣어 고루 버무린다.

4. 밀폐 용기에 담고 냉장고에서 3~4일 정도 숙성시킨다.

5. 청양고추와 홍고추는 링으로 썰고, 마늘은 납작하게 저민다.

6. 먹을 때마다 통깨, 참기름, 마늘 저민 것, 고추 썬 것 등을 넣어 양념한다.

재료

주재료

오징어 5마리

부재료

굵은 소금 2/3컵, 청양고추 3개, 홍고추 2개, 마늘 5쪽

양념

고춧가루 1/2컵, 다진 마늘 4큰술, 까나리 액젓 3큰술, 청주 1/4컵, 맛술 2큰술, 물엿 1/4컵, 설탕 1큰술

- 가정에서 쉽고도 간단하게 만들 수 있는 젓갈로서 삭힌 듯한 맛은 부족하지만 어린 아이도 부담 없이 먹을 수 있다.
- 일반적인 젓갈보다 싱거우므로 저장 기간을 늘리고자 할 경우에는 소금의 양을 늘려야 한다.
- 다져서 볶음밥에 넣어도 맛있다.

조개젓무침

레몬즙으로 비린내를 없앤 밥도둑 조개젓무침

맛	식감	보관 기간	한줄 정보
매콤, 짭짤하다.	말캉말캉하다.	1주일	입맛을 잃었을 때 먹으면 좋다.

만드는 법

1. 조개젓은 흐르는 물에서 가볍게 씻어 짠맛을 줄이고 수분을 충분히 빼 준다.

2. 청양고추는 원형으로 썬다.

3. 그릇에 청양고추와 양념 재료를 조개젓과 같이 넣고 버무린다.

    통깨와 참기름은 먹을 때마다 넣어서 무쳐야 보존 기간을 길게 할 수 있다.

재료

주재료

조개젓 300g

부재료

청양고추 3개

양념

레몬즙 1큰술, 맛술 2큰술, 고춧가루 1큰술, 설탕 2작은술, 다진 마늘 3큰술, 통깨, 참기름

코멘트

- 조개젓무침은 일반적으로 고춧가루를 넣어서 버무리는데 청양고추 다진 것을 넉넉히 넣고 레몬즙을 넣어서 하얗게 무쳐도 상큼하고 깔끔한 조개젓무침이 된다.
- 잘 삭힌 조개젓은 색이 약간 노르스름하고 뒷맛이 달콤하고 부드럽다.
- 조개젓 특유의 비린맛과 짠맛을 줄이려면 사이다에 살짝 담그거나 식촛물(물 1컵+식초 3큰술)에 2~3분 정도만 담갔다 건진다.

명란젓

고춧가루 양념과 고소한 참기름이 조화를 이루는 젓갈

맛	식감	보관 기간	한줄 정보
감칠맛 난다.	보들보들하다.	2~3개월	달걀찜에 넣으면 맛있다.

만드는 법

1. 명란은 터지지 않은 것을 묽은 소금물에 가볍게 씻어 채에 건진다.

2. 명란에 굵은 소금을 골고루 뿌려 서늘한 곳에서 하루 정도 절인 다음 물기를 뺀다.

3. 2의 명란에 양념 재료를 넣고 고루 버무린다.

4. 밀폐 용기에 명란을 빈 공간 없이 차곡차곡 담고 윗면은 위생 비닐로 덮어서 서늘한 곳이나 저온 저장고에서 2주 이상 삭힌다.

5. 상에 낼 때는 명란을 작게 토막 내거나 알막을 터뜨려 통깨, 참기름, 다진 파를 넣어 무친다.

재료

주재료

명란 500g

부재료

굵은 소금 70g, 통깨 · 참기름 · 다진 파 약간씩

양념

고운 고춧가루 3큰술, 청주 1큰술, 다진 마늘 1큰술, 생강즙 1작은술, 맛술 1큰술

코멘트

· 명란젓은 주로 양념하여 무쳐서 먹지만 짭짤하면서 감칠맛이 나므로 젓갈과 잘 어울리는 두부를 넣고 국을 끓여도 입맛을 돋운다.

두부명란젓찌개
재료 · 명란 2덩이, 두부 1/2모, 대파 1/3대(줄기), 청양고추 1개, 홍고추 1개, 새우젓 1/2큰술, 다진 마늘 1/2큰술, 맛술 1큰술

창난젓

매콤하고 짭조름한 맛이 식욕을 당기는 창난젓

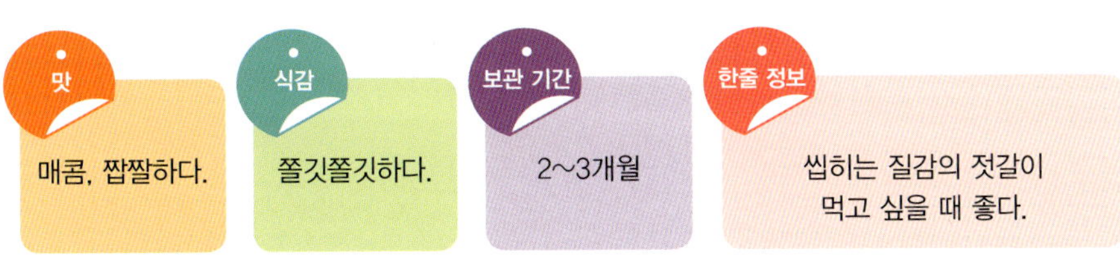

만드는 법

1. 창난은 옅은 소금물에서 씻어 물기를 뺀 다음 청주를 뿌려서 20분 정도 담갔다가 물에 가볍게 씻어서 채반에 건져 둔다.

2. 용기에 창난과 굵은 소금을 넣어 고루 버무린 뒤 서늘한 곳에서 20일 정도 삭힌다.

3. 삭힌 창난젓에 양념 재료를 넣고 고루 무친 다음 3~4일 후 냉장고에서 보관한다.

4. 담근 지 10일이 지나면 먹기 시작한다.

5. 먹을 때마다 참기름, 다진 파, 깨소금을 넣어 골고루 무친다.

재료

주재료

창난 600g

부재료

소금 약간, 청주 1/2컵, 굵은 소금 800g

양념

고운 고춧가루 1컵, 맛술 3큰술, 청주 2큰술, 다진 마늘 1/4컵, 생강즙 1큰술, 올리고당 3큰술, 설탕 1큰술

- 일찍부터 젓갈 문화가 발달한 우리나라는 여러 젓갈 중에서 특히 생선의 내장을 젓갈로 담그는 법을 중국에 전하기도 했다고 한다.
- 창난은 명태의 창자를 말하는 것으로 소금에 잘 삭은 것은 비린내가 적고 젓갈 특유의 향미가 난다.

가자미식해

매콤한 조밥과 어우러진 새콤한 가자미식해

만드는 법

1. 가자미는 비늘을 긁고 지느러미와 머리를 떼고 내장을 없앤 다음 굵은 소금을 뿌려 하루 정도 절여 두었다가 무거운 것을 눌러 물을 뺀 후 채반에 널어 잠깐 말린다.

   Point 가자미를 씻어 물기만 뺀 후 바로 써도 된다.

2. 무는 굵게 채 썰어 굵은 소금을 뿌려 두어 절인 뒤 물기를 뺀다.

3. 메조를 씻어 고슬고슬하게 조밥을 짓는다.

4. 가자미를 2cm 폭으로 썬다.

5. 넓은 그릇에 가자미, 무, 조밥을 넣어 가볍게 섞은 후 분량의 양념 재료를 넣어 고루 버무린다.

6. 밀폐 용기에 꼭꼭 눌러 차곡차곡 담아서 3일 정도 숙성시킨 후 냉장고에서 보관한다.

7. 1주일 후부터 먹을 수 있다.

재료

주재료

가자미 500g

부재료

굵은 소금 적당히, 무 300g, 메조 1/2컵

양념

고춧가루 1¼컵, 다진 마늘 4큰술, 다진 생강 1큰술, 소금 3큰술, 엿기름가루 2/3컵

코멘트

- 가자미식해는 함경도 지방의 향토 음식의 하나로 동해안의 노랑가자미와 북쪽 지역에서 나는 좁쌀을 잘 활용한 저장 식품이다.
- 익을수록 가자미와 엿기름과 조밥이 어우러져 가자미식해 특유의 맛과 새콤함이 입맛을 돋운다. 차게 보관하여 밥반찬이나 술안주로 이용하면 좋다.

간장게장

잃었던 입맛을 돌아오게 하는 간장게장

만드는 법

1. 꽃게는 물에서 솔로 비벼 가면서 깨끗이 씻은 후 채반에서 물기를 제거한다.

2. 무는 채칼로 채를 썰고, 양파와 대파도 채를 썬다. 생강은 납작하게 저며 준다.

3. 냄비에 간장 양념 재료를 넣고 센 불에서 끓이면서 거품을 제거한 뒤 약한 불에서 무가 무르도록 충분히 끓이다가 건더기를 건져 내고 식혀 준다.

4. 밀폐 용기에 꽃게를 차곡차곡 담고 **3**의 양념을 부어 준다.

5. 하루 정도 숙성시킨 후 간장물만 따라 부어서 다시 한 번 끓였다가 식힌 후 다시 부어 준다.

6. 냉장고에 보관하였다가 3~4일 후 먹는다.

재료

주재료

암꽃게 1kg

간장 양념

무 1kg, 양파 1개, 대파 1대, 생강 1톨, 간장 4컵, 물 4컵, 사이다 3컵, 굵은 소금 2큰술, 감초 썬 것 5개, 마른 고추 2개, 마늘 10쪽, 통후추 1작은술

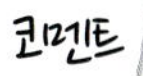

- 게장은 신선도가 중요하기 때문에 살아 있는 게로 만드는 것이 가장 좋지만 봄이나 가을철에 배에서 잡자마자 급속 냉동한 꽃게는 살이 꽉 차 있고 장도 신선해서 좋다.
- 더 이상 짜지지 않는 맛있는 게장을 먹으려면 간이 적당히 배었을 때 한 마리씩 냉동실에 보관하였다가 먹기 하루 전날 냉장실에서 해동하면 된다.

명태회무침

식감과 맛이 더할 나위 없이 좋은 밑반찬

만드는 법

1. 동태를 살짝 녹인 후 적당한 크기로 썬다.

2. 오이는 나무젓가락 굵기로 썰어 준다.

3. 식초를 약간 넣은 물에서 동태를 완전히 녹인 다음 물기를 뺀다.

4. 동태를 1차 양념으로 약 20분 정도 밑간한 후 면포에서 물기를 완전히 제거한다.

5. 2차 양념을 만든 다음 동태와 오이를 넣어 함께 버무린다.

재료

주재료

동태살 400g

부재료

오이 1개, 식초 약간

1차 양념

2배 식초 1컵, 소금 1큰술, 감미료 1큰술

2차 양념

고추장 40g, 고운 고춧가루 1.5큰술, 통깨 약간, 참기름 1작은술, 간장 1큰술, 멸치 액젓 1큰술, 맛술 1큰술, 조청 3큰술, 설탕 2큰술, 다진 마늘 1큰술, 다진 생강 1작은술, 다진 파 2큰술

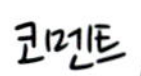
코멘트
- 매콤하고 새콤달콤한 명태회무침은 밑반찬으로도 좋지만 술안주에 좋고 회냉면에 고명으로도 잘 어울린다.
- 보쌈과 명태회무침을 같이 먹으면 보쌈의 담백함과 명태회무침의 새콤달콤함이 잘 어울린다.

밴댕이젓무침

밴댕이젓무침

노랗게 곰삭아서 먹을수록 고소한 밴댕이젓갈

만드는 법

1. 밴댕이젓은 칼등으로 비늘을 긁어내고 잘게 썬다.

2. 청양고추와 홍고추는 링으로 잘게 썰고, 마늘은 얇게 저민다.

3. 볼에 무침 양념장 재료를 넣고 골고루 버무린다.

4. 밴댕이젓에 양념장과 준비해 둔 청양고추와 홍고추, 마늘을 넣고 고루 무친다.

재료

주재료

밴댕이젓 200g

부재료

청양고추 2개, 홍고추 1개, 마늘 4쪽

무침 양념장

고춧가루 · 고운 고춧가루 1큰술씩, 다진 마늘 1큰술, 다진 생강 1작은술, 물엿 1큰술, 통깨 1큰술, 식초 1작은술

코멘트 | 밴댕이젓을 사용한 상추무침

재료 • 상추 200g, 쑥갓 약간, 겨자잎 약간, 오이 1/2개

양념 • 밴댕이젓무침 50g, 간장 1큰술, 홍고추와 풋고추 1개씩 다진 것, 실파 50g, 고춧가루 2큰술, 다진 마늘 1작은술, 깨소금 · 참기름 약간씩

만드는 법 • 채소를 적당한 크기로 썰어서 양념에 가볍게 무친다.

채소와
해조 반찬

무말랭이무침 · 연근조림 · 깻잎멸치찜 · 콩자반 · 콩곤약조림 · 미역줄기볶음 · 표고버섯조림 · 꽈리고추양념찜 · 꽈리고추멸치볶음 · 더덕구이 · 땅콩호두조림 · 오이어묵볶음 · 알감자조림 · 김부각 · 우엉조림 · 미역자반 · 김무침 · 다시마튀각

채소와 해조를 사용하여 밑반찬을 만들 때 보관 기간이 길고 영양 손실이 적은 조리법은 조림이나 볶음을 하는 경우다.

1. 일반적인 볶음 요리의 포인트
- 볶음 요리를 할 때 가장 주의해야 할 점은 불 조절이다. 센 불에서 재빨리 볶아 가열 시간을 줄여야 하는데, 그러기 위해서는 볶기 전에 모든 재료를 완벽하게 준비해야 하며, 팬이나 냄비를 충분히 달군 뒤 볶아야 제대로 볶아진다. 팬이 충분히 달궈지지 않으면 재료에 수분이 생겨 흐물거리고 쉽게 상할 수 있기 때문이다.
- 양념을 처음부터 넣으면 재료에 쉽게 흡수되기는 하지만 수분이 많이 생겨 채소의 질감과 맛이 떨어지므로 볶음 양념은 재료가 거의 익어 갈 때 넣는 것이 좋다.

2. 조리 순서와 간을 하는 타이밍이 중요
재료가 딱딱하고 색이 진한 것부터 볶아야 모든 재료가 균일하게 익는다. 당근, 감자 등의 딱딱한 채소를 먼저 넣고 볶은 뒤 부추, 시금치, 양배추, 표고버섯 등 쉽게 익는 채소는 나중에 넣는다. 무, 감자, 우엉, 연근 등의 뿌리채소는 질감이 강하므로 미리 물에서 살짝 익힌 후 양념을 넣고 중간 불에서 한소끔 끓인 뒤 약한 불에서 은근히 조리는 게 좋다.

3. 무조림이나 콩조림 등은 조리한 즉시 먹는 것보다 다음 날 먹는 것이 간이 잘 스며들어 더 맛있게 먹을 수 있다.

☀ 채소 및 해조류의 선택 및 보관법

1. 채소류
- 잎채소 : 시금치, 아욱, 상추 등의 잎채소는 너무 크게 자란 것보다는 중간 정도로 자란 것이 좋고 줄기가 싱싱하며 윤기 있는 것을 선택한

다. 보관할 때는 자랄 때와 같은 형태로 뿌리 쪽이 아래로 가도록 세우고, 상추처럼 잎이 여린 채소는 미리 씻어 두거나 물기 있게 보관하면 쉽게 무르므로 먹기 직전에 씻어서 사용한다. 씻을 때는 흐르는 물에서 씻어야 잔류 농약을 깨끗이 제거할 수 있다.

- 뿌리채소 : 당근, 우엉, 무, 더덕, 연근 등과 같은 뿌리채소는 모양이 매끄럽고 고른 것을 선택한다. 당근은 붉은 빛이 강한 것이 카로틴 (carotene) 양이 풍부하고, 우엉은 위아래로 흔들었을 때 잘 흔들리지 않는 것이 신선하며 1.5~2cm 정도 굵기의 것을 선택한다.

  보관할 때는 가능한 자르지 않은 상태 그대로 보관하며 신문지에 싼 후 다시 비닐에 넣어 수분이 날아가지 않도록 한다. 이미 자른 것은 랩으로 밀착시켜 공기가 닿지 않도록 한 후 냉장 보관한다. 뿌리채소는 다른 채소보다 보존성이 좋아서 포장을 잘하여 보관하면 1개월 이상 두고 먹을 수도 있다.

2. 해조류

- 김 : 빛에 비춰 보아 거무튀튀한 것이 아닌 투명한 느낌이 나며 약간 보랏빛을 띤 것을 선택하고, 바다 냄새가 조금 남아 있는 것이 좋으며, 파래가 섞이지 않고 두껍지 않으며 두께가 고른 것이 맛있는 김이다.

  생김은 보관할 때 키친타월로 싸서 지퍼팩에 넣어 냉동 보관하고, 구운 김은 밀폐 용기에 담아 보관한다. 눅눅해진 김은 접시에 담아 전자레인지에 30초에서 1분 정도 돌려 주면 다시 바삭해진다.

- 미역 : 미역에는 마른미역과 생미역이 있다. 생미역은 줄기가 가늘고 잎이 넓은 것을 고르고, 미역을 손으로 만졌을 때 잎이 묻어나지 않아야 한다. 마른미역은 줄기보다 잎의 비중이 크고 검은색을 띠며 윤기가 나는 것이 좋다.

  마른미역을 보관할 때는 습기가 들면 안 되므로 밀봉을 잘한 뒤 직사광선이 들지 않는 상온에서 보관한다.

- 다시마 : 검은색에 녹갈색을 띠고 표면에 흰 분이 고루 퍼져 있으며, 잔주름이 없고 두께가 두꺼운 것이 좋은 다시마다.

무말랭이무침

꼬들꼬들한 식감이 좋은 무말랭이무침

만드는 법

1. 무말랭이를 볼에 담고 물을 잘박하게 부어 주물러 씻은 뒤 물을 따라 낸다. 이 과정을 2~3번 반복하여 무말랭이 특유의 냄새를 제거한다.

2. 씻은 무말랭이는 체에 건져 20분 정도 그대로 두어 불린다.

3. 쪽파는 4~5cm 길이로 썰어서 준비한다.

4. 볼에 양념장 재료를 분량대로 넣고 섞은 다음 고춧가루가 불어나도록 시간을 둔다.

5. 양념장에 무말랭이를 넣고 충분히 주물러 양념이 골고루 배게 한 다음 쪽파를 넣고 가볍게 무친다.

재료

주재료

무말랭이 200g

부재료

쪽파 40g

양념장

멸치 액젓 4큰술, 간장 1/2컵, 찹쌀풀 1/2컵, 고운 고춧가루 1/3컵, 올리고당 4큰술, 맛술 2큰술, 다진 마늘 3큰술, 다진 생강 1큰술, 통깨, 굵은 소금 약간

찹쌀풀

찹쌀가루 2큰술, 물 1컵

코멘트

- 꼬들꼬들하게 씹히는 질감의 무말랭이의 맛을 내려면 2번 과정에서 남은 수분으로만 촉촉하게 해 주어야 한다.
- 찹쌀풀을 넣어 주면 자연스러운 단맛과 윤기가 난다.
- 무말랭이와 고춧잎은 잘 어울린다.
  말린 고춧잎 30g을 미지근한 물에 불려 30분쯤 담가 뒀다가 세 번쯤 헹궈서 물기를 꼭 짠 다음 무말랭이와 섞어서 무친다.

연근조림

윤기가 살아 있는 달콤한 연근조림

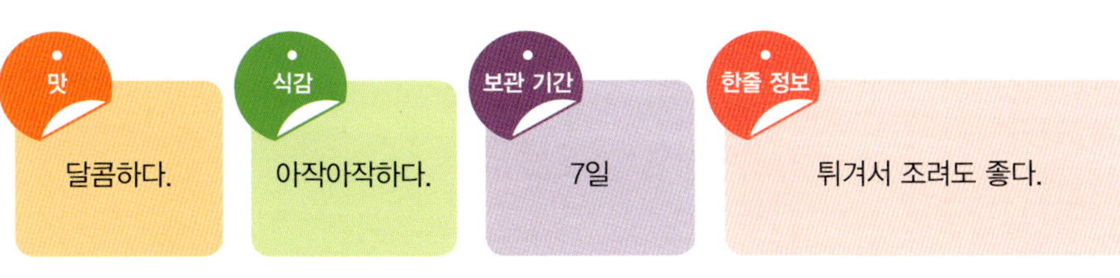

만드는 법

1. 연근은 깨끗이 씻어서 껍질을 벗긴 다음 0.3~0.5cm 두께로 썬다.

2. 연근이 잠길 정도의 넉넉한 물에 식초 한두 방울을 넣고 연근이 살캉살캉하게 익을 정도로 삶는다. 물이 끓기 시작하여 약 5분 정도면 적당하다.

3. 실파는 송송 썰고, 홍고추는 링으로 썰어 준 후 씨를 털어 낸다.

4. 냄비에 물엿과 참기름을 제외한 조림장 재료를 넣고 끓이다가 연근을 넣는다.

5. 센 불에서 조리다가 한소끔 끓으면 약한 불로 줄여서 국물이 자작자작해질 때까지 충분히 조린다.

6. 조림장이 1/3 정도 남았을 때 물엿을 넣고 중간 불에서 마저 조리다가 마지막에 참기름을 넣고 실파와 홍고추를 넣어 마무리한다.

재료

주재료

연근 400g

부재료

식초 약간, 실파 2줄기, 홍고추 1개

조림장

물 3컵, 간장 4큰술, 설탕 1큰술, 맛술 2큰술, 통깨 1/2큰술, 물엿 2큰술, 참기름 2큰술

코멘트
- 연근은 데쳐서 사용하고 약한 불에서 은근히 조려야 간이 고루 밴다.
- 연근은 너무 물러지면 씹히는 맛이 떨어지므로 조리는 시간을 잘 조절해야 한다.
- 껍질을 벗겨 놓은 중국산 연근은 소금에 절여 나오므로 조려도 물러지지 않고 딱딱해서 맛도 없고 건강에 해롭다.

깻잎멸치찜

향긋한 깻잎과 구수한 멸치의 만남

만드는 법

1. 깻잎은 1묶음씩 꼭지를 잡고 흐르는 물에서 씻어 물기를 뺀다.
2. 볼에 분량의 재료를 넣고 양념장을 만든다.
3. 깻잎을 2장씩 포개 양념장을 조금씩 펴 바르며 켜켜이 쌓고 한 김 오른 찜통에서 5분 정도 쪄 낸다.

주재료

깻잎 5묶음(1묶음=10장)

양념장

잔멸치 3큰술, 양파 다진 것 3큰술, 홍고추 다진 것 1큰술, 다진 파 2큰술, 다진 마늘 1작은술, 간장 3큰술, 맛술 2큰술, 들기름 1큰술, 물 5큰술, 고춧가루 1작은술, 통깨 약간

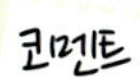

- 구수한 맛이 나며 칼슘이 풍부한 잔멸치를 넣어 만드는 깻잎멸치찜은 깻잎의 향긋함이 입맛을 살려 줄 뿐 아니라 조리법도 단순한 맛난 음식이다.
- 소금에만 절인 깻잎장아찌를 물에 담가 짠맛을 빼고 들기름과 식용유를 넉넉히 넣고 양념하여 찌면 부드럽고 살짝 짭조름한 맛이 일미다.

깻잎장아찌찜

재료 • 소금에 절인 깻잎장아찌 100g

양념 • 들기름 2큰술, 식용유 2큰술, 깨소금 1큰술, 고춧가루 1큰술, 맛술 2큰술, 다시마멸치육수 1/2컵

만드는 법 • 소금에 절인 깻잎장아찌 100g을 적당히 짠맛을 빼고 양념에 재워서 찐다.

콩자반

아이들도 좋아하는 영양 만점인 콩자반

맛
달콤하다.

식감
오독오독,
쫀득쫀득하다.

보관 기간
7~10일

한줄 정보
잔멸치를 섞어도 좋다.

만드는 법

1. 검은콩은 티를 고른 후 씻어 반나절 이상 불린다. 불리면 2배 이상 늘어나므로 양을 고려하여 그릇을 준비한다.

2. 불린 콩에 물과 다시마를 넣고 거품이 끓어오르도록 삶다가 1컵 정도의 물만 남긴다. 다시마는 건져서 사방 0.5cm 크기로 잘라 준다.

3. **2**의 콩에 양념 재료를 넣고 저으면서 반짝거리며 윤기가 날 때까지 조린다.

4. 거의 조려졌을 때 잘라 놓은 다시마를 넣고 섞어 준 후 센 불에서 마저 조린다.

5. 마지막에 참기름을 넣어 마무리한다.

재료

주재료
불린 검은콩(서리태) 2컵 또는 생검은콩 1컵

부재료
물 4컵, 다시마 6×6cm 1조각, 참기름 2큰술

양념
간장 4큰술, 설탕 1큰술, 올리고당 2큰술, 식용유 1큰술, 통깨 1작은술

코멘트

- 콩자반은 매일 한 수저씩 먹으면 약이 될 정도로 좋은 웰빙 밑반찬이므로, 간식으로 먹을 수 있을 정도로 짜지 않게 달콤하고 고소한 맛을 내는 것이 포인트다.
- 검은콩 대신 밤콩이나 흰콩도 조림에 좋다.
- 불려 놓은 콩을 준비하지 못했거나 콩의 씹히는 질감을 좋아할 경우에는 생콩을 10분 정도 불린 후 냄비에 콩이 잠길 정도의 충분한 물을 붓고 중간 불에서 20분 정도 삶은 다음 동일한 양념을 넣어 조리면 된다.

콩곤약조림

고소한 콩과 쫄깃한 곤약의 달달한 조림

만드는 법

1. 흰콩은 씻어서 건진 뒤 냄비에 담고 물 5컵을 부어 부드럽게 익을 때까지 삶는다.

2. 곤약과 당근은 주사위 정도의 크기로 썰어 준다. 다시마는 수분이 있는 거즈로 닦아 준 다음 같은 크기로 자른다.

3. 곤약과 당근은 끓는 물에 데쳐서 찬물에 헹군다.
    곤약은 데쳐야 곤약 특유의 냄새가 사라진다.

4. 냄비에 삶은 콩과 조림장 재료를 넣고 조리다가 국물이 1/2 정도로 줄어들면 곤약과 당근, 다시마를 넣어 윤기 있게 마저 졸여 준다.

재료

주재료

흰콩 200g, 곤약 1/2모

부재료

물 5컵, 당근 50g, 다시마 10g

조림장

간장 6큰술, 맛술 6큰술, 식용유 3큰술, 물엿 1/3컵, 소금 약간

코멘트
- 흰콩을 삶을 땐 뚜껑을 열고 삶아야 콩 비린내가 날아가 냄새가 덜하다.
- 조림장 재료를 넣고 저어 가면서 어느 정도 끓이다가 나머지 재료를 넣어야 잘 혼합되고 윤기 있게 조려진다.

미역줄기볶음

삼삼하고 고소해서 입에 착착 붙는 미역줄기볶음

맛	식감	보관 기간	한줄 정보
삼삼, 고소하다.	야들야들하다.	3~4일	가격 부담 없이 맛과 영양을 챙길 수 있는 밑반찬이다.

만드는 법

1. 미역줄기는 물에 담가 짠맛을 우려 낸 다음(짠맛이 살짝 남아 있을 정도) 먹기 좋게 자른다.
2. 홍고추는 반 갈라 씨를 털어 낸 후 채를 썰고, 양파도 가늘게 채를 썬다.
3. 끓는 물에 미역줄기를 넣고 3분 정도 파랗게 데쳐 낸 후 양념에 조물조물 무쳐 준다.
4. 팬에 식용유를 두른 뒤 양념한 미역줄기와 홍고추, 양파를 넣고 뚜껑을 덮어 5분 정도 익힌다.

   Point 뚜껑을 덮어서 익히면 부드러워지고 간이 잘 스며서 맛있다.
5. 마지막에 통깨와 참기름을 넣고 살짝 볶아 낸다.

재료

주재료

미역줄기 400g

부재료

홍고추 1/2개, 양파 1/4개, 식용유 2큰술, 통깨 1큰술, 참기름 1큰술

양념

다진 마늘 1작은술, 멸치 또는 까나리 액젓 1작은술, 간장 1큰술, 맛술 1큰술, 물 3큰술

코멘트
- 미역줄기볶음은 부담 없는 가격에 온 가족이 즐길 수 있는 먹거리다.
- 미역줄기는 뜨거운 물에 데쳐 내야 비린내도 나지 않고 양념이 잘 배며 부드럽다.

표고버섯조림

쫄깃한 버섯과 탱글한 새우의 달콤한 만남

맛	식감	보관 기간	한줄 정보
달콤, 고소하다.	쫄깃쫄깃하다.	2~3일	맛과 향이 살아 있는 영양 밑반찬이다.

만드는 법

1. 팬에 맛장 재료를 넣고 강한 불에서 저어 주다가 끓으면 약한 불에서 계속 저어 가며 윤기가 날 때까지 조린다.

2. 표고버섯은 물기를 꼭 짜 준다.

3. 새우는 생강즙과 후춧가루로 밑간하고, 홍피망과 호두는 적당한 크기로 썬다.

4. 달군 팬에 식용유를 약간 두르고 호두를 살짝 볶아 낸다.

5. 표고버섯과 새우에 맛장 1큰술, 녹말가루(전분) 2작은술, 들기름 1큰술을 넣어 무친다.

6. 5의 표고버섯과 새우를 180℃의 식용유에서 살짝 튀겨 낸다.

7. 달군 팬에 맛장을 넣고 끓으면 표고버섯과 새우, 호두를 넣고 볶다가 홍피망과 참기름을 넣어 마무리한다.

재료

주재료

불린 표고버섯 100g

부재료

껍질 깐 새우 10개, 홍피망 1개, 호두 3개, 식용유, 녹말가루(전분) 2작은술, 들기름 1큰술, 참기름

새우 밑간

생강즙 1작은술, 후춧가루 약간

맛장

간장 2큰술, 맛술 2큰술, 정종 1큰술, 식용유 2큰술, 물엿 1큰술

코멘트 • 마른 표고버섯에는 비타민 D가 풍부하지만 향이 짙어 기호성이 있는 식재료다. 표고버섯을 튀겨서 달콤하고 윤기 있는 맛장에 조려 내면 남녀노소 누구나가 좋아할 수 있는 음식이 된다.

꽈리고추양념찜

밀가루옷을 입혀서 더 찰지고 구수한 꽈리고추양념찜

만드는 법

1. 꽈리고추는 연하고 자그마한 것을 골라 꼭지를 따고 씻어 물기가 약간 묻은 상태로 준비한다.

2. 꽈리고추에 밀가루를 고루 입힌다.

   Point 밀가루옷을 잘 입혀서 쪄야 부드럽다. 위생 비닐봉지에 꽈리고추와 밀가루를 넣고 흔들어 주면 쉽고 깔끔하게 밀가루옷을 입힐 수 있다.

3. 김이 오른 찜통에서 약 3분 정도 쪄 낸다.

   Point 꽈리고추의 배가 부풀어 오르고 생밀가루가 보이지 않고 말갛게 익으면 된다.

4. 볼에 분량의 재료를 넣어 양념장을 만든다.

5. 식으면 양념장이 잘 스미지 않으므로 꽈리고추가 뜨거울 때 양념장을 넣어 가볍게 버무려 준다.

재료

주재료

꽈리고추 150g

부재료

밀가루 4큰술

양념장

간장 1큰술, 멸치 또는 까나리 액젓 1작은술, 맛술 1큰술, 홍고추 다진 것 1큰술, 참기름 2작은술, 통깨 약간

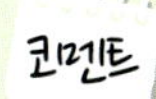

- 꽈리고추에 밀가루 대신 찹쌀가루를 묻혀서 찌면 식어도 차지고 부드러우며 쫀득한 느낌이 난다. 가루를 묻힐 때 위생 비닐봉지에 넣어서 흔들어 주면 손에 묻지도 않고 전체적으로 골고루 묻힐 수 있다.

꽈리고추멸치조림

재료·꽈리고추 400g, 중간 멸치 1/2컵, 소금·참기름 약간씩

맛장·간장 3큰술, 맛술 2큰술, 정종 1큰술, 식용유 3큰술, 물엿 1큰술

❶ 꽈리고추에 소금과 참기름을 약간 넣어 전처리한다.

❷ 멸치는 머리와 내장을 제거하고 프라이팬에 볶아 낸다.

❸ 팬에 맛장을 넣어 윤기 나게 끓으면 꽈리고추와 멸치를 넣어 조려 낸다.

꽈리고추멸치볶음

멸치와 만난 꽈리고추의 짭조름한 볶음 반찬

만드는 법

1. 꽈리고추는 꼭지를 따고 깨끗이 씻어 준비한 다음 길면 반으로 자른다.

2. 멸치는 가볍게 잔가루만 털어 준다.

3. 홍고추는 동글게 썬다.

4. 꽈리고추는 끓는 물에 소금 약간을 넣고 파랗게 살짝 데쳐서 찬물에 헹궈 체에 밭친다.

5. 마른 팬에서 멸치를 살짝 볶아 준다.

    Point 팬에 볶아 주면 멸치의 비린내가 줄어든다.

6. 달군 팬에 조림장 재료를 넣어 끓이다가 데친 꽈리고추를 넣고 약한 불에서 볶다가 멸치와 홍고추를 넣어 조림장이 어우러질 때까지 볶는다.

7. 통깨를 넣어 마무리한다.

주재료

꽈리고추 120g, 멸치 100g

부재료

홍고추 2개, 소금 약간, 통깨 1/2큰술

조림장

간장 1.5큰술, 맛술 1.5큰술, 식용유 1큰술

코멘트

- 꽈리고추를 볶기 전에 살짝 데쳐서 사용하면 양념도 잘 스미고 볶는 시간도 단축된다.
- 비타민 C가 풍부한 꽈리고추와 칼슘이 풍부한 멸치는 궁합이 잘 맞는다.

더덕구이

고기보다 맛있는 고추장더덕구이

만드는 법

1. 더덕은 씻어서 칼로 껍질을 돌려 벗긴다.

2. 더덕을 세로로 길게 2~3등분한 다음 30분 정도 소금물에 담가 뒀다 건진다.

3. 더덕을 밀대로 자근자근 두드려 편 다음 기름장에 10분 정도 재웠다가 약한 불에서 굽는다. 그래야 더덕구이에 물이 생기지 않고 부드럽다.

4. 볼에 분량의 재료를 넣고 양념장을 만든다.

5. 구워 놓은 더덕에 한쪽씩 양념장을 바른 후 달군 팬에서 다시 한 번 굽는다.

6. 접시에 담고 송송 썬 실파를 얹어서 마무리한다.

주재료

더덕 200g

부재료

송송 썬 실파 약간

소금물

소금 1큰술, 물 1컵

기름장

참기름 4큰술, 간장 1큰술

양념장

간장 0.5작은술, 고추장 3큰술, 고운 고춧가루 1큰술, 맛술 1큰술, 다진 마늘·다진 파·올리고당·깨소금 1큰술씩, 설탕 2작은술

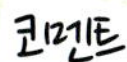

- 기름장을 발라 한번 구워 냉동실에 나누어 보관했다가 필요할 때 꺼내서 양념장만 발라 구우면 편리하고 맛있는 구이가 완성된다.
- 손질한 더덕은 넉넉한 양을 양념에 재워 놓았다가 먹을 때마다 소량씩 굽는다.

땅콩호두조림

두뇌 계발에 좋은 고소한 땅콩호두조림

만드는 법

1. 호두는 끓는 물에 살짝 데친 후 찬물에서 헹군다.

2. 냄비에 생땅콩과 생땅콩이 잠길 만큼의 물, 식용유 2큰술을 넣고 뚜껑을 덮어 두었다가 끓으면 뚜껑을 열고 약간 덜 익게 삶아 낸다.

3. 볼에 분량의 재료를 넣고 조림장을 만든다.

4. 땅콩이 삶아지면 물을 1/5 정도만 남기고 따라 낸 후 조림장을 넣고 약한 불에서 은근히 조리다가 거의 다 졸면 호두를 넣고 센 불에서 저으며 윤기 있게 조려 낸다.

5. 그릇에 담고 흑임자를 뿌려 마무리한다.

재료

주재료
호두 3큰술, 생땅콩 2컵

부재료
식용유 2큰술, 흑임자 약간

조림장
간장 4큰술, 맛술 1큰술, 물엿 4큰술, 황설탕 1큰술

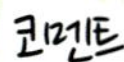
코멘트
- 생땅콩을 삶을 때 식용유를 약간 넣어 주면 땅콩 껍질이 잘 벗겨지지 않는다. 또한 뚜껑을 열고 조리면 땅콩의 고소한 맛이 진해진다.
- 10대 슈퍼 푸드 중 하나인 견과류에 소고기를 함께 넣어 조림을 하면 씹히는 질감이 더욱 좋다.

오이어묵볶음

오이의 아삭함과 어묵의 쫄깃한 식감을 살린 밑반찬

만드는 법

1. 오이는 길이로 반 갈라 수저로 속을 긁어 낸 다음 반달 모양으로 도톰하게 썰어 소금에 절여 물기를 꼭 짜 준다.

2. 어묵은 적당한 크기로 썰어 뜨거운 물에 살짝 데쳐 낸다.

3. 달군 팬에 식용유를 두르고 어묵을 볶다가 오이와 소금·참기름을 넣고 살짝 볶는다.

주재료

청오이 1개, 어묵 2개

부재료

소금 약간, 식용유 1.5큰술

양념

소금·참기름 약간씩

코멘트

- 마른 새우가 있다면 달군 팬에서 기름 없이 살짝 볶아 분쇄기에 갈아서 양념에 넣어 주면 마른 새우가루의 감칠맛이 쫄깃한 어묵과 아삭한 오이의 식감과 조화를 이룬다.
- 청양고추를 곱게 다져서 양념으로 넣어 볶아 주면 매콤하여 식욕이 당긴다.
- 오이는 도톰하게 썰어 주어야 어묵과 어울려 식감이 느껴진다.

알감자조림

양념을 잘 살린 쫀득쫀득한 알감자조림

만드는 법

1. 알감자는 물에 깨끗이 씻어 둔다.

2. 꽈리고추는 꼬치로 서너 군데 찔러 준다.

3. 볼에 분량의 재료를 넣어 양념장을 만든다.

4. 알감자를 물에 넣고 익히다가 물이 반으로 줄어들면 양념장을 넣는다.

5. 센 불에서 조리다가 끓으면 꽈리고추를 넣고 약한 불에서 서서히 윤기가 나도록 조리다가 참기름을 넣어 완성한다.

재료

주재료

알감자 1kg

부재료

꽈리고추 30g, 물 800mL, 참기름 약간

양념장

간장 5.5큰술, 맛술 2큰술, 청주 1큰술, 올리고당 3큰술

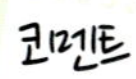
코멘트

- 알감자를 깨끗이 씻어서 껍질째 조리면 겉 부분이 쪼글쪼글해지면서 쫄깃한 식감이 좋다. 감자로 조림을 할 경우에는 껍질을 벗기고 흠 있는 부분을 도려 낸 다음 물에 씻어서 사용한다.
- 매운맛을 내고 싶을 경우에는 고추장과 고춧가루를 약간씩 사용해도 좋다. 이때 양념 중에서 염분은 줄여 준다.

김부각

술안주로, 간식으로 즐길 수 있는 부각

맛	식감	보관 기간	한줄 정보
고소, 짭짤하다.	바삭바삭하다.	1개월	묵은 김을 맛있게 처리할 수 있다.

만드는 법

1. 찹쌀가루에 국간장과 다시마물, 맛술을 넣고 잘 풀어 찹쌀풀을 되직하게 쑨다.

2. 쟁반을 깔고 김을 1/2로 접은 후 붓으로 한쪽 면에 찹쌀풀을 골고루 발라 준 다음 반으로 접는다.

3. 2의 김에 통깨를 군데군데 얹어 넓은 비닐이나 채반에 놓아 건조한다. 손으로 만져 봐서 풀이 느껴지지 않을 정도로 바싹 말린다.

4. 프라이팬에 식용유를 넉넉히 부어 달군 다음 찹쌀풀이 있는 쪽을 먼저 5초 정도 튀긴 후 뒤집어서 3초 정도 튀긴다.

재료

주재료

김 20장

부재료

통깨, 식용유

찹쌀풀

찹쌀가루 1/3컵, 국간장 2작은술, 다시마물 1컵, 맛술 1작은술

코멘트

- 부각이란 식물성 식품에 찹쌀풀을 발라서 말려 두었다가 필요할 때 기름에 튀겨 먹는 음식이다.
- 김부각의 김은 두꺼운 김을 선택해야 찢어지지 않는다.
- 찹쌀풀은 되직하게 쑤어야 좀 더 손쉽게 김을 붙일 수 있다.
- 찹쌀꽃이 핀 것처럼 만들고자 한다면 찹쌀풀을 바른 후 잠시 말리고 그 위에 다시 찹쌀밥을 붙여 준다.

찹쌀꽃밥(찹쌀밥) 만들기

찹쌀 1/2컵을 30분 정도 불린 후(손으로 문질러서 으깨어질 정도) 으깨어 준 다음 다시마물 2컵, 국간장 1큰술, 맛술 2작은술을 넣어 찹쌀을 익혀 준다.

우엉조림

짭짤한 조림 간장으로 아삭아삭하게 만든 밑반찬

만드는 법

1. 껍질을 벗긴 우엉은 채를 썰어 식촛물에 담가 준다(갈변 방지).

2. 냄비에 다시마물과 **1**의 우엉을 넣고 뚜껑을 덮은 후 김이 오르도록 살짝 익혀 준다.

3. 볼에 조림장 재료를 넣고 혼합한다.

4. 냄비에 조림장을 넣고 센 불에서 끓이다가 **2**의 우엉을 넣고 윤기가 날 때까지 약한 불에서 은근히 조린다.

5. 참기름과 통깨를 넣고 센 불에서 마무리한다.

재료

주재료
우엉 1개(채 썬 것 약 150g)

부재료
다시마물 1컵, 참기름 1큰술, 통깨 약간

식촛물
식초 1큰술, 우엉이 잠길 정도의 물

조림장
간장 4큰술, 맛술 2큰술, 물엿 3큰술, 식용유 1큰술, 생강즙 1작은술

코멘트

- 섬유질이 많은 우엉을 사용한 조림은 밑반찬으로도 좋고, 남은 것은 김밥이나 유부초밥을 만들 때 속 재료로 사용할 수도 있다.
- 우엉은 열을 내리고 피를 맑게 하며 독기를 배출하는 탁월한 효능이 있으므로 아토피가 있는 아이들에겐 꼭 먹여야 한다.
- 우엉을 얇게 편 썰어 말린 후 차로 끓여 마시면 둥굴레차처럼 구수하다.

미역자반

만들기도 쉬우면서 아삭한 밑반찬이 간절할 때 좋은 자반

만드는 법

1. 마른미역은 2cm로 자른다.

2. 마른미역과 잔멸치, 호박씨는 넉넉한 식용유에서 각각 볶아 낸 후 섞는다.

3. 냄비에 자반 양념장 재료를 넣고 끓여 준다.

4. 불을 약하게 줄이고 마른미역, 잔멸치, 호박씨를 넣고 가볍게 섞어 준 후 통깨를 넣어 마무리한다.

재료

주재료

마른미역 100g

부재료

잔멸치 50g, 호박씨 30g, 식용유 1/4컵, 통깨 약간

자반 양념장

물엿 1/2컵, 맛술 1/4컵, 설탕 2큰술, 올리고당 1/2컵

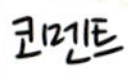

코멘트

- 미역에 부족한 칼슘과 단백질을 잔멸치와 호박씨가 보충해 주어 더없이 좋은 밑반찬이 된다.
- 물엿이나 올리고당을 넣고 너무 오랫동안 조리면 한 덩어리로 뭉치기 쉬우므로 센 불에서 살짝만 조려 준다.
- 자반이란 생선 또는 콩, 미역, 소고기 등을 소금에 절이거나 간장에 조리거나 기름에 튀겨 만든 반찬을 말한다.

김무침

고추장과 고추기름의 매콤함이 곁들여져 더 맛있는 김무침

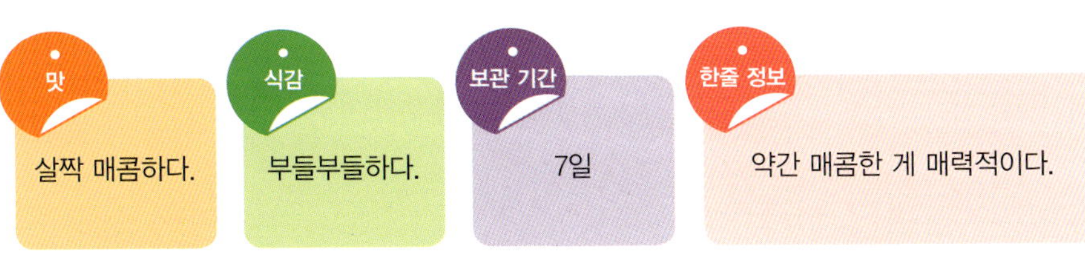

만드는 법

1. 김은 프라이팬에서 굽는다.
2. 구운 김을 여러 겹으로 접어 잘게 찢는다.
3. 냄비에 무침 양념장 재료를 넣고 섞어 살짝 끓인다.
4. 홍고추는 씨를 털어 낸 후 채를 썬다.
5. 홍고추채와 마늘채, 통깨를 무침 양념장에 넣는다.
6. 손질한 김을 5에 넣고 무친다.

재료

주재료

돌김 20장

부재료

홍고추 1/2개, 마늘채 3큰술, 통깨 약간

무침 양념장

간장 4큰술, 고추기름 · 멸치 또는 까나리 액젓 · 생강즙 각각 1/2큰술, 설탕 2큰술, 올리고당 4큰술, 들기름 1.5큰술, 참기름 1큰술, 고추장 1.5큰술, 후춧가루 약간

코멘트

- 무침 양념장을 끓여 주면 음식이 쉽게 상하지 않고 신선하게 보관할 수가 있다.
- 보관을 잘못해서 눅눅해진 김을 맛있는 밑반찬으로 만들 수 있는 조리 방법이다.

마른파래무침

재료 · 마른 파래 50g, 홍고추 2개, 풋고추 2개

조림장 · 간장 1/4컵, 물 1/4컵, 맛술 1/4컵, 물엿 3큰술, 생강즙 2작은술, 통깨 1큰술, 참기름 3큰술

만드는 법

1. 파래는 잡티를 골라내고 눅눅하면 마른 팬에 살짝 볶거나 전자레인지에 돌려 비린내를 제거한 다음 먹기 좋게 손으로 뜯는다.
2. 홍고추와 풋고추는 0.1cm 폭으로 송송 썬 다음 물에 헹궈 씨를 빼낸다.
3. 냄비에 통깨와 참기름을 제외한 조림장 재료를 넣고 중간 불에서 은근히 끓인다.
4. 조림장이 식으면 파래를 넣고 간이 고루 배도록 무치다가 홍고추와 풋고추를 넣는다. 마지막에 참기름과 통깨를 넣어 고루 섞는다.

다시마튀각

기름에 튀긴 다시마에 설탕을 뿌려 먹는 마른반찬

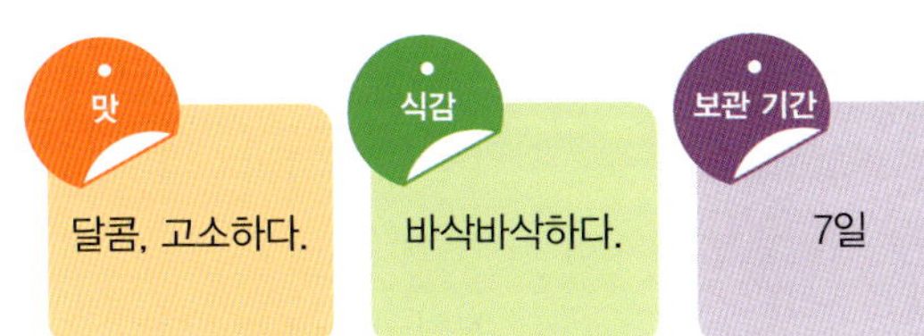

만드는 법

1. 마른 면포에 수분을 약간 묻혀서 다시마 표면의 먼지와 염분을 닦아 준다.

2. 다시마는 가위로 먹기 적당한 크기로 자른다. 튀기면 커지므로 3 × 3cm 크기가 적당하다.

3. 온도가 130~140℃인 튀김 기름에서 튀겨 낸다.

    **Point** 다시마가 부풀어 오르면 넣자마자 바로 건져 내야 타지 않고 바삭한 튀각이 완성된다.

4. 뜨거울 때 설탕을 골고루 뿌려 준다.

   Point 설탕을 뿌린 후 흰깨와 흑임자를 뿌려 주면 고소한 맛과 좋은 색감이 난다.

재료

주재료

다시마 2장

부재료

튀김 기름 2.5컵

양념

설탕 7큰술

코멘트
- 튀각용 다시마는 얇은 것이 바삭하다.
- 다시마튀각을 만들 때 쌀가루를 사용하면 식감이 더 좋다.
- 다시마는 건조해서 불이 세면 쉽게 타므로 약한 불로 시간을 두고 튀겨야 좋다.
- 다시마에는 혈압을 내려 주는 염기성 아미노산인 라이신(lysine)과 알긴산(alginic acid)이라는 성분이 있어 밥반찬 및 술안주, 아이들 간식으로도 좋다.

고기와
해물 반찬

소고기메추리알장조림 · 약고추장 · 진미채더덕무침 · 꽃게무침 · 골뱅이오징어무침 · 코다리구이 · 전복초 · 중간멸치고추장볶음 · 반건조오징어조림 · 마른새우볶음 · 북어포강정 · 새우장 · 실오징어채볶음 · 진미채고추장볶음 · 꼴뚜기조림 · 잔멸치볶음 · 황태구이 · 북어보프라기 맛있는 음식을 만들기 위해서는 음식에 맞는 부위를 선택함과 동시에 고기나 해물처럼 누린내나 비린내가 나는 식재료의 경우 전처리를 하는 과정이 매우 중요하다.

☀ 고기류

1. 음식에 적합한 고기 선택

- 고기 : 구이용으로는 조직이 연하고 마블링이 좋은 안심, 등심, 갈빗살, 채끝살이 좋고 탕이나 국에는 양지, 사태가 적합하다. 육회로는 지방이 적고 육질이 부드러운 우둔살을, 장조림으로는 지방질이 적어 쪽쪽 잘 찢어지는 홍두깨살이나 사태, 우둔살을 사용하는 것이 좋다.
- 닭고기 : 삼계탕은 닭 중량이 500g 내외가 부드럽고, 찜이나 조림용은 1~1.2kg이 육질이 쫀쫀해서 맛있다. 포장용의 경우 다리살은 구이용으로, 가슴살은 샐러드나 스테이크용, 날개는 구이나 튀김용으로 좋다.
- 돼지고기 : 등심이나 안심은 돈가스나 탕수육으로, 삼겹살이나 목심은 보쌈 · 구이 · 불고기감으로 적합하고, 갈비는 찜이나 구이로 적합하다.

2. 고기의 누린내를 없애는 요령

- 스테이크나 불고기처럼 구이의 경우는 고기를 키친타월로 싸서 핏물을 없애고 향신 채소(대파, 샐러리, 양파, 마늘 등)와 통후추, 식용유로 미리 재워 주면 살도 부드러워지고 누린내도 없앨 수 있다.
- 조림이나 찜, 탕의 경우는 찬물에 핏기가 보이지 않을 정도로 충분히 담가 두었다가 끓는 물에 겉면만 살짝 익을 정도로 데쳐 낸 다음 사용한다. 음식을 만들 때 향신 채소와 통후추, 월계수잎, 술 등을 넣어 주면 누린내도 없앨 수 있을 뿐 아니라 육질이 부드러워지고 고기 끓인 물(육수)도 구수하고 향이 좋아서 다른 요리에도 사용할 수 있다.

☀ 해산물

1. 신선한 생선

지느러미가 빳빳하며 겉면에 빛이 나면서 윤기가 도는 것, 비늘이 밀착되어 있는 것, 눈이 충혈되지 않고 투명한 것이 신선한 생선이다.

2. 손질과 보관

생선은 가장 쉽게 상하는 동물성 식품으로 사 온 즉시 먼저 비늘을 벗기고 아가미를 제거한 뒤 내장을 뺀 상태에서 깨끗이 씻어 먹기 좋은 상태로 토막 친 다음 칼집을 넣거나 소금을 뿌려 둔다. 신선한 상태에서 냉동 보관한 식품은 해동을 해도 그 신선도가 유지되므로 가능한 신선할 때 빠르게 손질해서 보관하는 것이 가장 좋은 방법이다.

3. 대합이나 바지락, 모시조개 같은 패류는 사 온 즉시 연한 소금물에 담가 어두운 곳에 두어 2시간 이상 해감을 시킨 뒤 사용하거나 냉동 보관하는 것이 조리 시 깨끗한 맛을 내는 방법이다.

☀ 생선 조림을 맛있게 하는 방법

1. 조림하는 시간이 너무 길면 수분이 적어져 맛이 없고 생선살도 뭉그러지기 쉽다. 약한 불에서 짧은 시간 조리다가 마지막에 센 불에서 조려야 간이 은근히 배고 윤기가 흐르는 조림이 된다.

2. 무를 넣고 조리는 생선은 무와 생선을 따로 양념하고, 무를 먼저 충분히 익힌 후 무를 냄비 밑면에 깔고 생선을 얹어 조려야 무에 양념이 배면서 부드럽게 익고 생선에도 무맛이 배어 더 맛있는 조림이 된다.

3. 생선살이나 두부처럼 부드러운 재료는 녹말가루를 묻혀 지진 후 조려야 모양이 잘 잡히고 고소한 조림이 된다.

소고기메추리알장조림

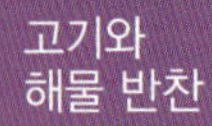

소고기와 메추리알의 달달한 간장조림

만드는 법

1. 고기는 찬물에 담가 3~4번 정도 물을 갈아 가면서 핏물을 완전히 빼 준다.

2. 냄비에 물을 넉넉히 넣고 끓으면 고기를 넣어 겉면이 익어 핏물이 나오지 않을 정도가 되면 건진다.

3. 냄비에 고기 삶기 재료와 고기, 고기가 잠길 정도의 물을 넣고 30분 정도 삶은 다음 육수와 고기를 분리한다.

4. 3의 고기에 조림장 재료를 넣고 한소끔 끓으면 은근한 불로 줄여 간이 배게 한다.

5. 조림장이 1/3 정도 줄어들었을 때 메추리알을 넣고 마저 졸인다.

주재료

소고기(홍두깨살) 1kg, 삶은 메추리알 20개

고기 삶기

청주 3큰술, 마른 고추 3개, 대파잎 3대 분량, 양파 1개, 마늘 10쪽, 생강 1/2톨

조림장

육수 5컵, 물 5컵, 간장 1컵, 설탕 3큰술, 물엿 5큰술, 맛술 3큰술

코멘트

- 소고기는 전날 저녁에 찬물에 담가 핏물을 완전히 빼야 누린내가 나지 않는다.
- 고기는 조림장을 넣기 전에 향신 채소(고추, 파, 양파 등 음식의 맛과 향기를 내는 조미료 식물로 조미 채소 또는 양념 채소라고도 한다)를 넣고 30분 정도는 삶아 주어야 부드러운 장조림이 된다. 생고기를 삶아 내면 그 양이 절반으로 줄어들므로 완성된 양을 고려하여 준비한다.
- 매추리알이 부서지면 국물이 탁해지므로 대량으로 만들 경우에는 고기와 매추리알을 따로 조려야 한다.

장조림간장을 샐러드 양념으로
재료 · 장조림간장 4큰술, 레몬즙 2큰술(혹은 식초 1.5큰술), 연겨자 1/2작은술

약고추장

밥도둑 밑반찬, 매콤·달콤한 약고추장

만드는 법

1. 소고기 다진 것과 표고버섯 다진 것은 다진 마늘과 간장, 참기름, 후춧가루를 넣어 고루 무쳐 준다.

2. 팬에서 **1**의 재료를 수분 없이 고루 볶아 채반에서 식힌다.

3. 고추장에 양념 재료를 넣고 고루 섞어 준다.

4. 밑이 두꺼운 냄비에 **3**을 넣어 약한 불에서 천천히 볶다가 어느 정도 조려지면 **2**에서 볶아 놓은 소고기와 표고버섯을 넣고 마지막에 고명을 얹어 완성한다.

재료

주재료

소고기 다진 것 50g, 불린 표고버섯 다진 것 30g, 고추장 3컵

부재료

다진 마늘 1작은술, 간장 1작은술, 참기름 · 후춧가루 약간씩

양념

꿀 2/3컵, 참기름 1/2컵, 맛술 1/2컵

고명

잣 2큰술, 다진 호두 1큰술, 통깨 1큰술

코멘트

- 소고기 다진 것과 표고버섯 다진 것은 충분히 볶아서 수분을 날리고 섞어 주어야 고추장이 변질하지 않으며 텁텁하지 않고 깔끔한 맛이 난다.
- 반찬으로도 좋지만 비빔밥에 넣어 줘도 맛있다.

진미채더덕무침

새콤달콤함이 잃었던 입맛을 살려 주는 밑반찬

맛
새콤달콤하다.

식감
아삭아삭,
쫄깃쫄깃하다.

보관 기간
2~3일

한줄 정보
진미채의 쫄깃함이
더덕과 잘 어울린다.

만드는 법

1. 진미채는 4cm로 잘라 물에 살짝 씻은 후 꼭 짠다.

2. 더덕은 껍질을 벗겨 밀대로 두들겨 준 후 잘게 찢은 다음 소금물에 살짝 절여서 물기를 꼭 짠다.

3. 오이는 어슷하게 썰어 소금물에 살짝 절여서 물기를 꼭 짠다.

4. 무침 양념장을 만들어 진미채, 더덕, 오이를 섞어서 고루 무친다.

재료

주재료
진미채 50g, 더덕 3뿌리

부재료
소금 약간, 청오이 1개

무침 양념장
식초 6큰술, 맛술 2큰술, 고운 고춧가루 2큰술, 고추장 1큰술, 올리고당 2큰술, 설탕 1큰술, 소금 1작은술, 다진 파 2큰술, 다진 마늘 2작은술

코멘트
• 더덕의 향과 아작아작한 질감의 오이와 쫄깃한 진미채가 새콤달콤한 무침 양념장과 잘 어울린다.
• 진미채가 달기 때문에 감미료 양의 조절이 필요하다.

꽃게무침

입맛을 살려 주는 달콤한 꽃게무침

만드는 법

1. 꽃게는 깨끗이 씻어 먹기 좋은 크기로 토막 낸다.

2. 손질한 꽃게는 1차 양념장에 20분 정도 재워 뒀다가 망으로 건져 내고 간장물은 체에 받친다.

3. 대파는 4~5cm 길이로 썰어 둔다.

4. 볼에 분량의 재료를 넣어 2차 양념장을 만든다. 이때 양념장이 너무 되직하면 **2**에서 체에 받쳐 둔 간장물을 넣어 가며 농도를 맞춘다.

5. **4**의 재료에 꽃게를 넣고 버무리다가 대파를 넣어서 가볍게 섞어 준다.

재료

주재료

꽃게 1kg

부재료

대파 1대

1차 양념장

간장 1/2컵, 생강즙 1큰술, 청주 1큰술, 맛술 2큰술, 소금 약간

2차 양념장

고운 고춧가루 1/2컵, 다진 마늘 2큰술, 생강즙 1작은술, 청주 2큰술, 올리고당 1/2컵, 참기름 1큰술, 통깨 약간

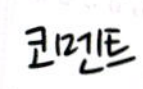

- 냉동 꽃게를 구입했을 경우에는 하루 전날 냉장고에서 해동시켜야 물이 생기지 않는다.
- 시간이 있을 경우에는 2차 양념장을 미리 만들어서 냉장고에서 이틀 정도 숙성시킨 후 사용하는 것이 고춧가루의 풋내도 나지 않고 양념이 어우러져 맛있다.

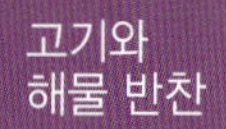

골뱅이오징어무침

골뱅이와 대파채를 새콤달콤하게 무쳐 낸 무침

만드는 법

1. 골뱅이는 캔에서 꺼내 끓는 물에서 살짝 데쳐 내어 살균한다.

2. 오징어는 껍질을 벗긴 후 가늘게 채를 썰어서 데친다.

3. 대파는 4cm 길이로 잘라 채를 썰어서 찬물에 담가 매운맛을 빼 준다.

4. 청 · 홍고추는 어슷하게 썬다.

5. 볼에 분량의 재료를 넣고 양념장을 만들어 골뱅이와 오징어, 청 · 홍고추, 대파순으로 넣고 가볍게 무쳐 준다.

주재료

골뱅이 통조림 1캔, 물오징어 1마리

부재료

대파 2대, 청 · 홍고추 각 1개씩

양념장

고춧가루 · 간장 각 3큰술씩, 2배 식초 2큰술, 물엿 1큰술, 설탕 2큰술, 맛술 1큰술, 다진 마늘 2큰술, 생강즙 1작은술

코멘트
- 입맛이 없는 이른 봄이나 여름에 새콤한 양념이 입맛을 회복시켜 준다.
- 소면을 삶아서 섞어 먹으면 식사 대용이 된다.

코다리구이

불고기 양념장으로 맛나게 구운 코다리구이

만드는 법

1. 명태 코다리는 중간 크기로 골라 통풍이 잘되는 곳에서 3일 정도 꾸덕꾸덕해질 때까지 말린다.
2. 코다리가 적당히 말랐으면 가위를 사용하여 지느러미를 모두 잘라내고 머리와 꼬리도 자른다.
3. 코다리 배 쪽의 펼쳐진 살에서 꼬리 방향으로 붙어 있는 부분에 칼집을 넣어 나머지 살을 펼친 후 가운데 뼈를 제거하고 지저분한 잔뼈도 제거하여 깨끗이 손질한다.
4. 대파와 청·홍고추는 가늘게 채를 썰어 물에 담갔다가 건져서 사용한다.
5. 분량의 재료를 잘 섞어 양념장을 만든다.
6. 3의 코다리 위에 양념장을 켜켜로 발라 통에 차곡차곡 넣어 살이 부드러워지고 양념이 잘 밸 수 있도록 하여 하루 정도 재워 둔다.
7. 팬을 달궈 식용유를 두른 후 불을 약하게 하고 양념이 잘 밴 코다리를 앞뒤로 구워 낸 다음 썰어서 대파채, 청·홍고추채를 얹는다.

재료

주재료

코다리 1코(중간 크기 약 4마리)

부재료

대파 1/2대, 청·홍고추 1/2개씩, 식용유

양념장

간장 4큰술, 설탕 2큰술, 맛술 2큰술, 양파즙 2큰술, 다진 파 2큰술, 다진 마늘 1큰술, 생강즙 2큰술, 깨소금 1/2큰술, 참기름 1큰술, 후춧가루 1/4작은술

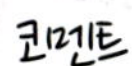

- 구울 때 양념이 잘 타는 편이므로 약한 불에서 뒤집어 가며 서서히 굽는 것이 좋다.
- 양념에 잰 코다리는 냉동 보관해 두었다가 살짝 해동하여 구워 먹으면 오랫동안 두고 먹을 수 있다.

전복초

전복을 장조림처럼 조려 낸 특별 보양식

맛	식감	보관 기간	한줄 정보
달착지근하다.	쫀득쫀득하다.	1주일	여름 보양 다이어트 식품이다.

만드는 법

1. 전복은 솔로 깨끗이 문질러 닦고 소금물에서 헹구어 낸다.

2. 대추는 씨를 제거한 후 돌돌 말아서 납작하게 썰어 준다.

3. 조림 간장 재료를 혼합하여 끓여서 체에 밭친다.

4. 냄비에 조림 간장량의 1/2과 전복을 넣어 약한 불에서 조리다가 남은 조림장을 넣고 센 불에서 윤기 있게 조려 준다.

5. 전복 껍데기를 깨끗이 씻은 후 조려진 전복을 담고 대추와 잣을 얹어 마무리한다.

재료

주재료

전복 10마리

부재료

소금 약간, 대추 3개, 잣 1큰술

조림 간장

물 2컵, 간장 1/4컵, 국간장 1큰술, 맛술 3큰술, 청주 2큰술, 설탕 2큰술, 생강 저민 것 2조각, 마늘 3쪽, 청양고추 3개, 통후추 1작은술

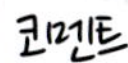
코멘트
- 생물 전복은 간장게장에 들어가는 간장 양념을 넣어서 전복장으로 만들어 먹어도 좋은 밑반찬이 된다.
- 전복 내장은 모아서 냉동실에 두었다가 죽을 끓일 때 넣으면 구수하고 고소하다.

중간멸치고추장볶음

고추장 양념장으로 볶아 뒷맛이 개운한 멸치볶음

만드는 법

1. 멸치는 내장과 머리를 제거하고 체에서 비벼 잔가루를 털어 낸다.

2. 달군 팬에 식용유를 두르고 은근한 불에서 **1**의 멸치를 충분히 볶은 다음 체에 기름을 밭친다.

3. 팬에 양념장 재료를 넣고 잘 섞은 후 약한 불에서 저어 가며 윤기 있게 조린다.

4. 양념장에 볶은 멸치를 넣고 양념이 잘 배도록 가볍게 섞어 준다.

5. 통깨를 얹어 마무리한다.

재료

주재료

중간 멸치 200g

부재료

식용유 1컵, 통깨 약간

양념장

간장 1큰술, 고춧가루 1큰술, 고추장 1/2컵, 식용유 3큰술, 물엿 3큰술, 맛술 5큰술, 청주 2큰술, 다진 마늘 2작은술, 생강즙 1작은술

코멘트
- 멸치는 내장과 머리를 제거해야 쓴맛이 나지 않는다.
- 멸치가 신선하면 초고추장 양념장으로 무쳐만 주어도 맛있다.

초고추장 양념장
재료 · 고추장 2큰술, 고춧가루 1작은술, 다진 마늘 2작은술, 생강즙 1작은술, 식초 1.5큰술, 맛술 1작은술, 설탕 2작은술, 물엿 1작은술, 연겨자 약간

반건조오징어조림

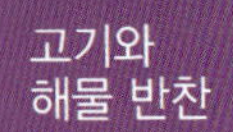

달콤한 조림장과 반건조 오징어의 만남

만드는 법

1. 오징어는 손질하여 가위로 가늘게 잘라 준다.

2. 팬에 식용우를 두르고 마늘을 넣어 볶다가 오징어를 넣고 가볍게 볶아 준다.

3. 팬에 조림장 재료를 넣고 잘 섞은 후 센 불에서 조리다가 약한 불에서 은근히 끓인다.

4. 조림장에 **2**의 볶은 오징어를 넣고 윤기 있게 조려 낸다.

5. 마늘과 통깨를 넣어 마무리한다.

재료

주재료

반건조 오징어 2마리

부재료

식용유 적당히, 마늘 5쪽, 통깨

조림장

간장 3큰술, 올리고당 2큰술, 맛술 2큰술, 청주 1큰술, 식용유 3큰술, 후춧가루 약간

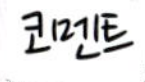
코멘트

- 마른오징어는 물에 충분히 불리지 않으면 조리한 후 너무 딱딱하고, 생물 오징어는 데쳐서 수분을 제거한 후 조려야 하는 불편함이 있다. 반건조 오징어는 불릴 필요가 없어 조리 시간도 단축되고, 조림을 해도 씹히는 질감이 부드럽다.
- 반건조 오징어에 160쪽의 멸치고추장볶음 양념장을 넣어서 석쇠에 살짝 구워도 좋은 밑반찬이 된다.

마른새우볶음

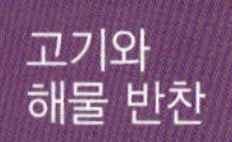

고추기름에 볶아 색과 맛이 좋은 마른새우볶음

만드는 법

1. 마른 새우는 체에 담아 비벼서 잔가시를 털어 준비한다.

2. 팬에 식용유와 고추기름을 넣어서 새우를 바삭하게 볶아 낸 다음 체에 밭친다.

3. 냄비에 볶음장 재료를 넣고 센 불에서 끓이다가 불을 줄여 약한 불에서 은근히 끓여 준다.

4. 볶음장 재료가 어우러지면 새우를 넣어 윤기 나게 재빨리 볶아 낸다.

재료

주재료

마른 새우 200g

부재료

식용유 5큰술, 고추기름 2큰술

볶음장

간장 2큰술, 물엿 3큰술, 맛술 3큰술, 청주 1큰술, 식용유 2큰술, 생강즙 1작은술

코멘트

- 마른 새우나 멸치 등의 건어물은 넉넉한 기름에서 볶아 내면 비린내가 날아가고 고소한 맛을 살릴 수 있다. 단, 채반에 밭쳐서 기름기를 빼 준다.
- 마른 새우는 커터기에 돌려 가루를 만들어 전이나 나물무침에 넣어 주면 감칠맛이 좋아진다.

북어포강정

밑반찬으로도, 술안주로도 더없이 좋은 북어포강정

만드는 법

1. 북어포는 꼬리, 머리, 뼈, 지느러미를 가위로 손질한다.

2. 손질한 북어포는 전처리 재료로 양념한 후 적당한 크기로 자른다.

3. 토막 낸 북어포는 녹말가루를 가볍게 묻혀 털어 낸 후 160℃로 달군 식용유에서 튀겨 낸다.

4. 양념장 재료를 골고루 섞은 후 튀겨 낸 북어포를 넣어 무쳐 낸다.

재료

주재료
북어포 2마리(중)

부재료
녹말가루(전분) · 식용유 적당량

북어포 전처리
다시마물 1/2컵, 생강즙 1작은술, 맛술 1작은술

양념장
고추장 1/4컵, 물엿 1/2컵, 다진 마늘 2작은술, 다시마물 1큰술

코멘트
· 매콤한 맛을 내고 싶을 때는 고추장을 늘리면 되고, 아이들을 위해 준비할 때는 고추장 양을 줄이고 케첩을 넣어서 새콤달콤한 맛을 내도 좋다.
· 녹말가루나 찹쌀가루를 입혀서 튀기면 쫀득쫀득하고 양념이 잘 배어서 맛과 식감이 좋아진다.

새우장

짭짤하면서도 달콤한 양념장이 일품인 밥도둑 새우장

만드는 법

1. 대하는 신선한 생물을 구입하여 소금물에 깨끗이 씻어 채반에 밭친다.

2. 간장물은 끓여서 식힌 뒤 걸러 준다.

3. 대하를 밀폐 용기에 넣은 뒤 **2**의 간장물을 붓고 대하가 뜨지 않게 나무젓가락 등을 사용하여 눌러 준 다음 냉장고에 보관한다.

4. 하루가 지난 후 위아래 대하의 위치를 바꾸어 주고 이틀 후 간장물을 끓여서 식힌 후 다시 부어 준다.

5. 꽈리고추와 마늘은 끓는 소금물에 데쳐 낸다.

6. 새우장은 담근 지 3일 후 껍질을 벗겨서, 소금물에 데쳐 낸 꽈리고추와 마늘과 함께 양념장에 버무려 완성한다.

재료

주재료

대하(큰 새우) 20마리

부재료

소금 약간, 꽈리고추 30g, 마늘 10쪽

간장물

간장 2컵, 물 3컵, 사이다 1.5컵, 멸치 또는 까나리 액젓 1/4컵, 청주 1/4컵, 물엿 1/3컵, 설탕 2큰술, 고추씨 2큰술, 생강 1톨, 마늘 5쪽, 양파 1/2개, 대파 1/2대, 통후추 1작은술

양념장

고추장 · 올리고당 · 참기름 · 통깨 · 다진 파 약간씩

코멘트
- 담근 지 3~4일 후부터 시식이 가능한데 짜지 않게 하려면 새우와 간장물을 분리하여 각각 냉동 보관한다.
- 그대로 먹어도 좋지만 먹을 때마다 해동한 후 껍질을 벗겨서 양념장에 무치면 살짝 매콤하니 새로운 맛을 즐길 수 있다.
- 하루 전날 냉장고에 넣어 두면 저온에서 해동되어 새우의 질감에 차이가 없다.
- 새우는 크기에 따라서 대하, 중하, 소하로 나누는데, 가식부율(먹을 수 있는 부분의 비율)이 크지 않으므로 대하나 중하가 먹기에 적당하다.

실오징어채볶음

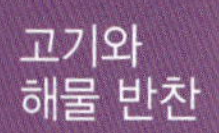

고소하고 부드러운 실오징어채볶음

만드는 법

1. 실오징어채에 식용유 3큰술을 넣어 버무린다.
   Point 실오징어채는 빨리 볶아 주어야 하므로 식용유에 미리 버무려 두면 타지 않아 식감 좋게 볶을 수 있다.

2. 팬에 양념장 재료를 넣고 조리듯 끓여 준다.

3. 2의 양념장에 실오징어채를 넣고 재빨리 볶는다.
   Point 국물이 약간 남아 있어야 부드럽고 촉촉한 볶음이 된다.

4. 마지막에 흑임자를 넣어 마무리한다.

재료

주재료
실오징어채 100g(2컵)

부재료
식용유 3큰술, 흑임자 약간

양념장
간장 1큰술, 올리고당 1큰술, 맛술 2큰술, 후춧가루 약간, 참기름 1큰술

코멘트 **윤기 있는 조림장으로 조림하기**
팬에 양념장을 넣고 센 불에서 끓이다가 한번 끓으면 약한 불로 줄이고 주걱으로 계속 한 방향으로 저어 가면서 끓여 준다. 양념장의 양이 절반으로 줄어들면 재료를 넣어 양념이 스며들면 센 불에서 살짝 끓여 주면서 국물이 약간 남아 있을 때 불을 끈다. 마지막에 참기름과 깨소금 등을 넣어 주면 맛있는 조림이 완성된다.

간단한 실오징어채무침
재료 • 실오징어채 100g(2컵), 식용유 3큰술
양념장 • 고추장 1작은술, 고춧가루 1작은술, 올리고당 1큰술, 참기름 2작은술, 소금 1/2작은술
만드는 법
❶ 실오징어채에 식용유 3큰술을 넣어 버무린 다음 팬에서 살짝 볶아 낸다.
❷ 양념장을 만든 다음 볶아낸 실오징어채를 버무린다.

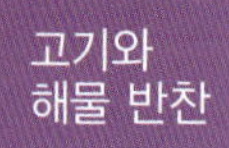

진미채고추장볶음

매콤한 맛이 어우러진 부드럽고 쫄깃한 진미채볶음

만드는 법

1. 진미채는 손으로 훌훌 털어 잔가루를 없애 텁텁한 맛을 제거하고 김이 오른 찜통에서 5분 정도 쪄 낸 후 비벼 준다. 물에 헹구면 진미채 특유의 맛이 빠져 나간다.

   Point 찜통에 찌면 살균도 되지만 볶아도 뻣뻣하지 않고 부드럽다.

2. 두꺼운 팬에 양념장 재료를 넣어 약한 불에서 고추장과 고춧가루가 식용유와 겉돌지 않고 잘 혼합되도록 충분히 끓여 준다.

3. 팬에 불을 끄고 진미채가 뜨거울 때 바로 넣어 골고루 비벼 가며 양념장에 버무린 다음 참기름과 통깨를 뿌려 준다. 양념장이 식으면 완성된 후 딱딱해질 수 있다.

재료

주재료

진미채 100g

부재료

참기름 · 통깨 약간씩

양념장

설탕 1작은술, 청주 1작은술, 식용유 1.5큰술, 간장 1작은술, 다진 생강 1/2작은술, 고춧가루 1작은술, 고추장 1.3큰술, 물엿 1.5큰술, 다진 마늘 1작은술

코멘트 | **진미채간장볶음(맵지 않고 깔끔한 진미채볶음)**

재료 · 진미채 100g, 마요네즈 1큰술, 참기름 · 통깨 약간씩

양념장 · 설탕 1작은술, 청주 1큰술, 간장 1큰술, 물엿 1.5큰술, 다진 마늘 1작은술, 다진 생강 1/2작은술

만드는 법

❶ 손질한 진미채에 마요네즈를 넣고 버무린다.

❷ 팬에 양념장 재료를 넣고 약한 불에서 끓인 다음 진미채를 넣고 가볍게 볶아 준다.

❸ 참기름과 통깨를 넣어 완성한다.

꼴뚜기조림

작지만 씹을수록 진한 맛이 우러나는 꼴뚜기조림

만드는 법

1. 말린 꼴뚜기는 물을 잠길 정도로 부어서 30분 정도 불려 준 다음 체에 밭쳐 건진다.

   Point 물에 불리면 짠맛도 제거되고 쫄깃한 식감이 살아나는 꼴뚜기조림이 된다.

2. 마늘은 얄팍하게 썰어 준다.

3. 팬에 식용유를 두르고 마늘을 넣고 향을 낸 후 꼴뚜기를 넣고 볶아서 물기를 없애 준다.

4. 팬에 양념장 재료를 넣고 충분히 섞이도록 약한 불에서 끓여 준다. 여기에 볶아 놓은 꼴뚜기와 마늘을 넣고 양념장의 간이 스미도록 한 번 더 볶아 낸다.

5. 통깨와 참기름을 넣어 완성한다.

재료

주재료
말린 꼴뚜기 100g

부재료
통마늘 2쪽, 식용유 2큰술, 통깨 · 참기름 약간씩

양념장
간장 2큰술, 맛술 2큰술, 올리고당 1큰술, 식용유 1큰술

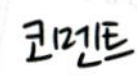

코멘트
- 마늘과 함께 청양고추를 넣어 주면 매콤한 맛이 나는 꼴뚜기조림이 된다. 고춧가루를 약간 넣어도 색감이 살아난다.
- 올리고당을 줄이고 매실 진액을 넣어 주면 달콤한 맛이 살고 비린 맛이 제거된다.

잔멸치볶음

남녀노소 모두 좋아하는 칼슘의 왕 멸치볶음

맛	식감	보관 기간	한줄 정보
달콤, 고소하다.	꼬들꼬들, 오독오독하다.	1주일	밑반찬으로 만들어 두면 든든하다.

만드는 법

1. 잔멸치는 달군 팬에 식용유 4큰술을 두르고 고슬고슬하게 볶는다.

2. 채반에 볶은 멸치를 넣고 기름기를 빼 준다.

3. 홍고추는 반 갈라서 씨를 털어 낸 후 곱게 채 썬다.

4. 두꺼운 팬에 간장 2.5큰술, 맛술 2.5큰술, 식용유 1.5큰술, 청주 1큰술을 넣고 불을 약하게 한 후 양념이 1/2 정도로 줄어들 때까지 주걱으로 계속 저어 준다.

5. 4에 볶은 멸치를 넣어서 양념과 잘 어우러지게 볶다가 물엿 3큰술을 넣어 단맛과 윤기를 내어 준 후 불을 끈다.

6. 통깨와 참기름을 넣어 마무리한 후 홍고추를 얹어 완성한다.

재료

주재료

잔멸치 100g

부재료

식용유 4큰술, 홍고추 1/2개, 통깨 1큰술, 참기름

양념

간장 2.5큰술, 맛술 2.5큰술, 식용유 1.5큰술, 청주 1큰술, 물엿 3큰술

코멘트

멸치가 짜다면?
식용유를 넉넉히 둘러 볶아 주고 채반에서 여분의 식용유를 제거하면 짠맛이 기름과 같이 빠져나오며 비린내도 제거된다.

먹다 남은 잔멸치볶음은?
여러 가지 채소와 같이 넣어 주먹밥을 만들면 달콤해서 청소년이나 아동에게 더없이 좋은 주먹밥이 된다.

황태구이

기름장으로, 매콤한 양념장으로 두 번 구운 황태구이

맛	식감	보관 기간	한줄 정보
매콤, 고소하다.	쫄깃쫄깃하다.	3~4일	칼슘과 단백질이 풍부한 저지방 반찬이다.

만드는 법

1. 황태는 10분 정도 물에 담갔다가 물기를 꼭 짠다.

2. 가위로 황태의 가시와 지느러미 등을 정리한 다음 껍질 쪽에 칼집을 군데군데 살짝 넣어 주고 적당한 크기로 자른다.

   Point 칼집을 넣어 줘야 양념도 잘 스미고 구울 때 오그라들지 않는다.

3. 손질한 황태는 기름장을 발라 20분 정도 재운다.

4. 냄비에 양념장 재료를 넣고 한번 끓여 준다.

5. 황태에 녹말가루를 가볍게 묻혀, 달군 팬에 식용유를 두르고 살짝 지져 낸다. ➡ 1차 구이

6. 5의 1차 구이된 황태에 양념장을 바르고 타지 않게 앞뒤로 구워 준다.

재료

주재료
황태 2마리

부재료
녹말가루(전분) 3큰술, 식용유

기름장(유장)
간장 3큰술, 참기름 · 맛술 2큰술씩, 후춧가루 약간

양념장
고추장 3큰술, 고춧가루 1큰술, 간장 1큰술, 맛술 2큰술, 물 2큰술, 식용유 2큰술, 올리고당 1/2컵, 다진 마늘 1큰술, 다진 생강 1작은술

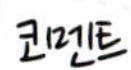
코멘트
- 황태는 찬물이나 육수에 10분 정도만 담갔다가 수분을 꼭 짜 주면 영양분 손실도 줄어들고 부드러워진다.
- 장기간 보관할 때는 기름장 처리만 해서 구워 준 후 포장해서 냉동실에 보관했다가 먹을 때마다 양념장에 발라서 구워 준다.

북어보프라기

180

죽에 잘 어울리는 부드러운 북어보푸라기

맛	식감	보관 기간	한줄 정보
구수, 고소하다.	보들보들하다.	1주일	임금님 수라상에 올랐다는 궁중 음식이다.

만드는 법

1. 북어포는 가시 부분을 골라내고 가위로 적당히 잘라서 커터기에 돌려 고운 보푸라기를 만든다.

2. 북어보푸라기에 참기름과 식용유를 넣어 기름기가 골고루 배도록 잘 비벼 준 다음 설탕과 깨소금으로 양념한다.

3. 북어보푸라기를 3등분한다.

4. 각각의 북어보푸라기를 하나는 고춧가루 양념으로, 하나는 소금 양념으로, 나머지 하나는 간장 양념으로 뭉치지 않도록 고루 비벼서 마무리한다.

5. 접시에 삼색의 북어보프라기를 예쁘게 담는다.

재료

주재료

북어포 150g

부재료

참기름 · 식용유 1.5큰술씩, 설탕 3큰술, 깨소금 2큰술

고춧가루 양념

소금 1작은술, 고운 고춧가루 1작은술

소금 양념

소금 1작은술, 흰 후춧가루 약간

간장 양념

간장 1큰술, 후춧가루 약간

코멘트
- 북어포는 잔뼈와 가시, 껍질을 분리해야 하므로 보푸라기는 황태채를 사용하여 커터기에 갈아 주는 것이 편리하다.
- 부드러운 반찬이므로 노인식이나 환자식, 죽상에 잘 어울린다.

나물 반찬

무생채 · 도라지오이무침 · 우엉달래냉채 · 김치도토리묵무침 ·
톳무침 · 봄동겉절이 · 상추겉절이 · 파래무침 · 부추양파무침 ·
양상추새싹무침 · 아삭이고추된장무침 · 무나물볶음 · 애호박
나물볶음 · 취나물들깨즙볶음 · 감자채피망볶음 · 고사리나물볶
음 · 콩나물무침 · 느타리버섯무침 · 숙주나물무침 · 시금치나물
무침 · 가지견과류볶음 · 우거지멸치찜 · 얼갈이된장무침 · 유채
나물무침 · 깻잎나물볶음 · 시래기나물볶음 · 냉이꼬막살무침 ·
미나리나물무침 · 열무나물무침

자연의 기운을 듬뿍 머금은 자연 그대로의 먹거리인 나물은 인체 고유의 자연 치유력을 높여 주고 산성화된 몸을 알칼리성으로 바꿔 주며, 몸 안에 쌓인 독을 해독하는 작용을 해 주는 능력이 있다고 한다. 온실에서 키운 부드럽고 연한 나물들이 사시사철 나오지만 제철 노지에서 자란 향이 진하고 거친 나물에는 각종 영양소가 풍부할 뿐 아니라 생명력이 넘친다.

산나물, 들나물, 밭나물의 제철을 알아서 계절 채소를 조리한다면 생명력이 풍부한 나물의 우수한 영양소를 섭취할 수 있다.

☀ 눈으로 보는 나물 달력

달	나물의 종류
1월	유채나물, 세발나물
2월	유채나물, 세발나물
3월	유채나물, 세발나물, 쑥, 모시대, 잔대나물, 홑잎나물, 원추리, 냉이, 씀바귀, 참죽, 봄동, 참취, 다래순, 돌나물, 부지깽이나물
4월	유채나물, 세발나물, 원추리, 냉이, 씀바귀, 참죽, 봄동, 참취, 다래순, 돌나물, 부지갱이나물, 더덕순, 구기자순, 엄나무순, 곰취, 두릅, 고사리, 으름순, 둥굴레순, 명아주, 달맞이꽃, 참나물, 고비, 도라지순, 땅두릅, 뽕잎나물, 당귀, 풋마늘대, 미역취, 죽순, 질경이, 브로콜리순, 부추
5월	돌나물, 더덕순, 구기자순, 엄나무순, 곰취, 두릅, 고사리, 으름순, 둥굴레순, 명아주, 달맞이꽃, 참나물, 고비, 도라지순, 땅두릅, 뽕잎나물, 당귀, 죽순, 질경이, 부추, 곤드레, 찔레순, 오미자순, 쇠비름, 양파, 고춧잎, 브로콜리, 시금치, 청경채, 미역취
6월	쇠비름, 죽순, 질경이, 아주까리나물, 왕고들빼기, 마늘종, 감자, 아욱, 노각, 애호박, 열무, 고수, 고추, 부추
7월	쇠비름, 질경이, 고구마줄기, 근대, 깻잎, 가지, 호박잎, 비름나물, 부추, 아주까리나물, 왕고들빼기
8월	쇠비름, 질경이, 고구마줄기, 근대, 깻잎, 가지, 호박잎, 부추, 아주까리나물, 왕고들빼기, 비름나물
9월	깻잎, 가지, 호박잎, 부추, 아주까리나물, 토란대, 머위, 쪽파, 콩잎, 아욱, 오미자열매, 고들빼기, 송이버섯, 능이버섯, 헛개나무열매, 브로콜리, 시금치, 청경채

달	나물의 종류
10월	부추, 토란대, 머위, 쪽파, 콩잎, 아욱, 고들빼기, 송이버섯, 능이버섯, 헛개나무 열매, 무, 갓, 마, 브로콜리, 시금치, 청경채
11월	무, 갓, 마, 브로콜리, 시금치, 청경채, 배추
12월	무

곰취, 냉이, 씀바귀, 달래, 오이, 두릅 등 절기마다 나오는 나물의 종류는 참 많고, 고유의 맛과 향을 지니고 있다. 나물은 특별한 재료 없이도 특성에 맞는 양념을 넣어 조물조물 무쳐 주면 정성스럽고 맛깔나 보인다. 나물 본연의 맛을 잘 살리고 맛있게 무치려면 양념장을 몇 가지 미리 만들어 냉장고에서 1~2일 정도 숙성시켜 필요할 때마다 사용하면 양념 맛이 어우러져 손쉽게 깊은 맛을 낼 수 있다.

☀ 냉장고에 한두 가지만 보관해 두면 좋은 양념장

나물 양념장	어울리는 나물 및 만드는 방법(양념 비율)
간장드레싱	생채무침, 구운 채소, 구운 고기 먹을 때 – 간장 1, 식용유 2, 식초 1, 설탕 2/3, 참기름 1/3, 통깨 1/4
나물된장	시금치, 취나물, 곰취 등의 녹색 잎채소의 숙채무침 – 된장 3, 고추장 1/2, 양파 간 것 1/3, 마늘 1/5, 물엿 1/3, 맛술 1/4, 참기름 1/4
나물고추장	더덕, 도라지, 씀바귀 등 약간 쌉쌀한 나물 – 고추장 1, 고운고춧가루 1/6, 설탕 1, 식초 4, 간장 약간, 다진 마늘 1/6, 통깨 1/6, 물엿 1/4, 연겨자 1/6
생채무침고추가루 양념장	파, 달래, 부추, 양파 무침 등 생채류 – 고춧가루 2, 간장 2, 식초 2, 맛술 2, 설탕 1, 통깨 1/6

무생채

청국장찌개로 비빈 보리밥에 더없이 잘 어울리는 무생채

맛	식감	보관 기간	한줄 정보
새콤달콤, 매콤하다.	아삭아삭하다.	3~5일	미나리를 넣고 무쳐도 좋다.

만드는 법

1. 무를 5cm 길이로 토막 내 원통형으로 세워서 납작하게 썬 다음 곱게 채 썬다.

2. 실파도 무와 같은 길이로 썬다.

3. 분량의 재료를 잘 섞어 양념장을 만든다.

4. 채 썬 무에 고운 고춧가루를 넣고 골고루 버무려 고춧가루색이 무에 곱게 물들게 한다.

   Point 무생채는 소금에 절이지 않고 생채 그대로 즐겨야 더욱 맛있다. 채 썬 무는 바로 고춧가루로 물을 들여야 생채의 빛깔이 곱고 양념이 제대로 밴다.

5. 무채에 양념장을 넣어 가볍게 버무려 준다.

재료

주재료

무 300g

부재료

실파 2줄기, 고운 고춧가루 1큰술

양념장

설탕 2/3큰술, 소금 2작은술, 식초 1큰술, 다진 파 1큰술, 다진 마늘 1작은술, 다진 생강 약간, 통깨 1작은술

코멘트

· 무가 맛이 없고 수분이 많은 여름철에는 채를 썬 후 설탕과 소금을 넣어 살짝 절여 미리 수분을 뺀 뒤에 양념에 버무려 주어야 맛있는 무생채가 된다.

· 굴과 무가 가장 맛있는 겨울철에는 무생채에 굴을 넣어 버무리면 싱싱한 맛이 느껴지는 무굴생채를 만들 수 있다.

무굴생채

재료 · 굴 150g, 무 200g, 쪽파 30g

양념 · 고춧가루 1큰술, 멸치 액젓 0.5큰술, 소금 1작은술, 설탕 1작은술, 다진 마늘 1작은술, 다진 생강 약간, 통깨 약간

도라지오이무침

새콤달콤하고 아삭아삭한 식감이 좋은 무침

맛
새콤달콤, 매콤하다.

식감
아삭아삭하다.

보관 기간
3~5일

한줄 정보
쌉쌀한 도라지가 입맛을 당긴다.

만드는 법

1. 도라지는 가늘게 갈라서 굵은 소금을 넣고 바락바락 주무르듯 문질러 준 후 물을 넣고 씻는다. 이렇게 하면 도라지의 쓴맛도 제거되고 도라지가 숨이 죽어 부드러워진다.

2. 오이는 길이로 반 갈라 어슷하게 썬 뒤 굵은 소금을 넣고 20분 정도 절인 후 씻어서 물기를 꽉 짜 준다. 키친타월을 이용해 말끔하게 물기를 제거한다.

3. 먼저 도라지에 고춧가루 2큰술을 넣어 조물조물 무쳐서 색을 낸다.

4. 도라지에 오이와 다진 파, 다진 마늘을 넣고 식초 2큰술, 올리고당 1/2큰술, 설탕 1/2큰술, 소금 약간, 참기름, 통깨를 넣어 고루 버무려 준다.

   Point 양념이 살짝 달달해야 시간이 지나면 맛이 배어들어 좋다.

재료

주재료
깐 도라지 200g, 오이 1개

부재료
굵은 소금

양념
고춧가루 2큰술, 다진 파 1큰술, 다진 마늘 1큰술, 식초 2큰술, 올리고당 1/2큰술, 설탕 1/2큰술, 소금 약간, 참기름 1큰술, 통깨

코멘트
- 도라지, 오이 외에 양파를 얇게 채 썰어 섞어도 잘 어울린다.
- 양념에 고춧가루 외에 고추장을 섞어도 좋다.
  양념 · 고춧가루 1.5큰술, 고추장 1/2큰술, 식초 1.5큰술, 설탕 1큰술, 다진 마늘 1큰술, 다진 파 1큰술, 참기름 1큰술

우엉달래냉채

조화롭지 않은 듯 잘 어울리는 우엉과 달래의 만남

맛 매콤, 새콤하다.

식감 아작아작하다.

보관 기간 3일

한줄 정보 우엉은 곱게 채 썰어야 좋다.

만드는 법

1. 우엉은 칼등을 사용하여 껍질을 긁어서 벗긴 다음 물에서 씻어 준다. 길게 어슷썰어 곱게 채를 썬 다음 찬물에 3번 정도 헹구어 준다.

    우엉은 갈변하므로 물속에서 여러 번 잘 헹구어야 한다.

2. 달래는 뿌리 부분의 흙을 깨끗이 제거한 다음 씻어서 5cm 길이로 자른다.

3. 우엉과 달래는 키친타월을 사용하여 물기를 완전히 제거한다.

4. 배는 5cm 길이로 채 썬다.

5. 레몬 껍질은 가늘게 채를 썰고 속 부분은 즙을 짜낸다.

6. 볼에 분량의 재료를 넣어 양념장을 배합한다.

7. 우엉, 달래, 배채와 레몬 껍질채에 양념장을 넣고 가볍게 섞어 준다.

재료

주재료
우엉 200g, 달래 200g

부재료
배 1/4쪽, 레몬 1/2개

양념장
고추장 · 사이다 · 식초 · 고춧가루 · 유자청 · 레몬즙 각 3큰술씩, 올리고당 1작은술, 참기름과 깨소금 약간씩

코멘트 **우엉무침**
재료 · 채 썰어 데친 우엉 200g
양념 · 고추장 2큰술, 고춧가루 1큰술, 간장 1/2큰술, 식초 1큰술, 올리고당 1큰술, 다진 마늘 1/2큰술, 참기름, 통깨

김치도토리묵무침

새콤달콤한 김치와 보들보들한 묵과의 만남

맛	식감	보관 기간	한줄 정보
새콤달콤, 매콤하다.	말캉말캉, 아삭아삭하다.	1일	도토리묵은 한 번 먹을 만큼씩만 요리한다.

만드는 법

1. 배추김치는 속을 털어 내고 물기를 가볍게 짜서 채 썬 후에 양념을 넣어 무친다.

2. 도토리묵은 나무젓가락 굵기로 길쭉하게 썬다. 이때 묵은 소금과 참기름으로 밑간을 해 둔다.

   Point 묵은 밑간을 살짝 해 두지 않으면 간을 흡수해서 시간이 지날수록 싱거워진다.

3. 김은 살짝 구워 가위로 곱게 자르고, 실파는 송송 썬다.

   Point 김은 구워서 비닐봉지에 넣어 비벼 주면 손쉽게 부서지기도 한다.

4. 접시에 밑간한 도토리묵을 깔고 그 위에 양념한 김치를 얹은 뒤 김 자른 것과 송송 썬 실파, 깨소금을 뿌려 마무리한다.

   Point 쑥갓을 얹어 줘도 쑥갓 향이 묵무침과 조화롭다.

재료

주재료

배추김치 200g, 도토리묵 1모

부재료

김 2장, 실파 2줄기, 깨소금 약간

배추김치 양념

설탕 · 고추장 · 식초 2작은술씩

묵 밑간

소금과 참기름 약간씩

코멘트
- 김치도토리묵무침은 손쉽게 만들 수 있는 맛있는 밑반찬이자 간단한 술안주로 그만이다.
- 김치도토리묵무침은 뜨거운 흰쌀밥에 올려 비빔밥처럼 먹어도 좋고, 국수 위에 얹으면 비빔국수로도 손색이 없다.

톳무침

고기 요리와 같이 먹으면 더욱 제격인 톳무침

만드는 법

1. 끓는 물에 소금을 약간 넣고 톳을 살짝 데친 다음 찬물에 헹궈 물기를 뺀다.

2. 무는 5cm 길이로 채 썰고, 쪽파도 무와 같은 길이로 썬다.

3. 준비한 재료로 양념장을 만든다.

4. 톳과 무, 쪽파에 양념장을 넣고 버무려 준다.

재료

주재료

톳 300g

부재료

소금, 무 50g, 쪽파 30g

양념장

설탕 1큰술, 진간장 1큰술, 식초 2큰술, 참치 액젓 3큰술, 홍고추 다진 것 1큰술, 다진 마늘 2작은술, 참기름과 깨소금 1큰술씩

코멘트

- 겨울이 제철인 해조류 중 진갈색의 톳에는 칼슘과 요오드, 철 등의 무기 염류가 풍부해서 빈혈뿐 아니라 다이어트에도 효과가 있어 여성에게 아주 좋은 식재료다.

톳과 잘 어울리는 두부와의 만남 두부톳무침

재료 및 양념 · 두부 1/2모, 데친 톳 50g, 쪽파 약간, 멸치 또는 까나리 액젓이나 참치 액젓 1큰술, 고춧가루 · 소금 · 깨소금 · 참기름 약간씩

두부 밑간 · 소금 · 참기름 약간씩

만드는 법

❶ 두부는 물기를 짠 후 칼등으로 곱게 으깬다.

❷ 데친 톳은 칼로 자른다.

❸ 두부에 톳을 넣고 골고루 섞은 후 양념을 넣어 살살 버무린다.

봄동겉절이

고소한 맛이 일품인 봄동겉절이

맛	식감	보관 기간	한줄 정보
새콤달콤, 매콤하다.	아삭아삭하다.	5~7일	겨우내 잠들었던 입맛을 깨워 준다.

만드는 법

1. 봄동은 깨끗이 씻어 속대는 그대로 사용하고 큰 겉대는 반으로 갈라 주면 먹기 좋다.

   Point 너무 작게 쪼개면 숨이 죽어 아삭아삭한 식감이 덜하다.

2. 청·홍고추는 반 갈라 씨를 턴 후 어슷하게 채를 썬다.

3. 준비한 재료로 양념장을 만든다.

   Point 멸치 액젓이 싫다면 국간장으로 대체해도 깔끔한 맛이 난다. 참기름은 봄동을 코팅해 주어서 숨이 덜 죽게 하고 맛도 한결 부드럽게 해 준다.

4. 우묵한 볼에 봄동과 청·홍고추를 담고 양념장을 넣어 가볍게 버무린다.

재료

주재료
봄동 1포기

부재료
청·홍고추 1개씩

양념장
멸치 액젓 1큰술, 고춧가루 1큰술, 설탕 1작은술, 올리고당 2작은술, 식초 1큰술, 참기름 1큰술, 통깨 약간

코멘트
- 옆으로 푹 퍼지고 조금은 뻣뻣한 듯하며 속이 노란 것이 고소하고 맛있는 봄동이다.
- 봄동은 겉절이뿐 아니라 쌈으로 먹거나 데쳐서 나물을 만들어 먹어도 좋다.
- 봄동 양념장은 참나물이나 미나리, 달래 등의 겉절이와도 잘 어울린다.

상추겉절이

어린 상추에 양념장을 끼얹어 샐러드처럼 먹는 겉절이

맛	식감	보관 기간	한줄 정보
매콤하다.	아삭아삭하다.	1일	먹을 만큼만 준비해서 양념장에 바로 무친다.

만드는 법

1. 상추는 흐르는 물에서 씻어서 채반에 건진다.

2. 쪽파는 송송 썰고, 홍고추는 반 갈라서 채를 곱게 썬다.

3. 볼에 양념장 재료와 쪽파, 홍고추를 넣고 고루 섞어 준다.

4. 접시에 상추를 보기 좋게 담고 먹기 직전에 **3**의 양념장을 끼얹어 낸다.

재료

주재료

어린 상추 200g

부재료

쪽파 5줄기, 홍고추 1개

양념장

다진 마늘 1큰술, 간장 1큰술, 멸치 또는 까나리 액젓 0.5큰술, 매실청 1큰술, 고춧가루 2큰술, 통깨 1큰술, 참기름 1큰술

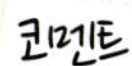 **코멘트**

- 상추겉절이는 미리 무쳐 두면 쉽게 숨이 죽으므로 양념장만 만들어 두었다가 먹기 직전에 양념장을 넣어서 버무려 주는 것이 좋다.
- 상추는 철분이 많이 함유되어 있어 빈혈에 좋은 식품이다.

파래무침

싱그러운 파래 향이 듬뿍 나는 가벼운 무침

만드는 법

1. 파래는 잡티를 골라내고 물에서 헹군다.

   Point 파래를 손질할 때는 체에 담아서 받치고 해야 물에 버려지는 양이 적다.

2. 무는 가늘게 채 썬 다음 소금을 뿌려 살짝 절인 후 물기를 빼 준다.

3. 준비한 재료로 양념장을 만들어 무채를 넣고 무치다가 파래를 넣어 무친다.

재료

주재료

파래 한 덩이

부재료

무 4cm 1/2개, 소금 약간

양념장

식초 3큰술, 설탕 2큰술, 간장 1/2큰술, 소금 약간, 다진 파 1큰술, 통깨 약간

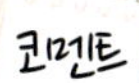

코멘트
- 겨울에 그 맛이 더 좋은 달달한 무와 바다 내음이 가득한 파래는 잘 어울리는 한 쌍이다.
- 파래와 무로는 파래전, 파래무침, 무국, 무생채, 무조림, 무전 등 다양한 요리를 만들 수 있다.

부추양파무침

부추의 향과 양파의 맛이 맛을 배가시켜 주는 무침

맛	식감	보관 기간	한줄 정보
새콤달콤, 매콤하다.	아삭아삭하다.	2~3일	양념에 무쳐 바로 먹어야 맛있다.

만드는 법

재료

주재료

부추 250g

부재료

양파 1/2개, 홍고추 1개

양념장

고춧가루 1큰술, 간장 · 설탕 · 식초 · 맛술 3큰술씩, 통깨 1큰술

1. 부추는 뿌리 부분의 흙을 털어 내고 다듬은 뒤 물에 흔들어 헹궈 채반에 건졌다가 4~5cm 길이로 썬다.

2. 양파는 가늘게 채 썬다.

3. 홍고추는 반 갈라 씨를 턴 후 채를 썬다.

4. 준비한 재료로 양념장을 만든다.

   Point 고기를 찍어 먹어도 맛이 좋으므로 고기 양념으로도 추천한다. 양을 조금 넉넉히 만들어 두고 사용하면 좋다.

5. 상에 내기 직전에 부추, 양파, 홍고추 썬 것을 혼합한 후 양념장을 넣어 가볍게 버무린다.

코멘트

- 입맛에 따라 청양고추를 채 썰어 함께 넣으면 톡 쏘는 매콤함이 입맛을 살려 준다.
- 위의 양념으로 파무침을 해도 좋은데 이 경우에는 대파는 곱게 채를 썬 후 30분 정도 물에 담갔다가 무쳐야 맵고 아린 맛을 줄일 수 있다.
- 부추는 향이 좋아 끓는 물에 데친 후 소금과 참기름, 깨소금으로만 깔끔하게 무쳐도 고소하니 맛있게 먹을 수 있다.

김치겉절이 같은 느낌의 다른 양념장

양념장 · 다진 마늘 1작은술, 다진 생강 약간, 새우젓 1큰술, 고운 고춧가루 1.5큰술, 소금 약간

양상추새싹무침

오리엔탈드레싱을 뿌려 먹는 채소무침

맛	식감	보관 기간	한줄 정보
새콤달콤, 상큼하다.	아삭아삭하다.	2일	재료를 차게 준비해야 신선하다.

만드는 법

1. 양상추는 한 잎 한 잎 따서 손으로 적당히 찢거나 굵게 채 썬다.

2. 체리토마토는 4등분한다.

3. 녹색 잎채소와 새싹은 물에서 흔들어 씻은 후 가볍게 물기를 턴다.

4. 찬물에 양상추와 녹색 잎채소, 새싹을 담갔다가 채반에 건진다.

5. 양념장 재료 중 기름을 제외한 모든 재료를 넣고 잘 섞어 준 후 기름을 넣고 거품기로 충분히 저어서 기름까지 양념장의 다른 재료와 혼합될 수 있도록 한다.

   Point 발사믹 식초가 있다면 2큰술을 넣어 주면 더욱 좋다. 미리 만들어 놓고 사용할 때는 먹을 때마다 충분히 흔들어서 넣어 준다.

6. 볼에 채소를 담고 양념장은 따로 낸다.

재료

주재료

양상추 4장, 체리토마토 4개, 녹색 잎채소와 새싹 적당히

양념장(오리엔탈드레싱)

간장 2큰술, 식초 2큰술, 설탕 1큰술, 양파 다진 것 1큰술, 참기름 1작은술, 포도씨유 혹은 식용유 4큰술

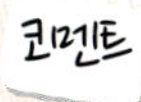
코멘트 · 오리엔탈드레싱은 녹색 잎채소와 과일, 견과류, 닭가슴살 등 여러 가지 재료와 잘 어울리는 맛난 소스다. 간장이 들어가서 한국적인 맛이라 어르신들도 즐길 수 있다.

아삭이고추된장무침

달달한 된장과 아삭한 고추의 만남

만드는 법

1. 아삭이고추를 물에 씻어서 채반에 담아 물기를 거둔다.

2. 아삭이고추는 어슷하게 혹은 동그랗게 썰어 준다.

3. 준비한 재료로 양념장을 만든다.

   Point 올리고당 대신 물엿이나 꿀, 매실액 등을 넣어도 좋다. 된장에 올리고당과 맛술을 넣어 주면 짠맛도 줄고 된장의 강한 냄새도 줄일 수 있어 좋다.

4. 아삭이고추에 양념장을 넣어서 잘 버무려 준다.

   Point 양념장만 준비해 두었다가 겉절이처럼 먹기 직전에 버무려 주어야 물이 생기지 않고 아삭한 식감도 살아서 좋다.

재료

주재료

아삭이고추 10개

양념장

된장 3큰술, 다진 홍고추 1/2개 분량, 맛술 1큰술, 올리고당 2큰술, 참기름 1큰술, 통깨 1큰술, 후춧가루 약간(취향에 따라)

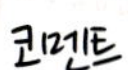

- 아삭이고추는 일명 '오이 고추'라고도 불리는데 맵지 않고 뻣뻣하지 않다. 비타민 C가 다른 채소보다 풍부해서 비타민이 부족한 사람이 먹으면 좋다.
- 간장을 사용하지 않은 식초와 소금, 설탕으로 양념해서 만든 마늘장아찌가 있다면 저며서 아삭이고추에 같이 넣어 주면 그 맛이 예술이다.

무나물볶음

만드는 법

1. 무는 5~6cm 크기로 토막을 내서 결 방향대로 일정한 굵기로 채를 썬다.

2. 달군 냄비에 들기름을 두르고 무를 넣어 볶다가 다시마물과 맛술을 넣는다.

    이때 무에서도 물이 나오므로 다시마물 맛이 무에 스며들 정도로 소량만 넣는다.

3. 약한 불로 줄이고 뚜껑을 덮고 무가 투명해질 때까지 익힌다.

4. 3에 다진 파와 다진 생강, 소금을 넣고 남은 물기가 졸아들 때까지 볶아 준다.

재료

주재료

무 300g

양념

들기름 2큰술, 다시마물(물 2컵, 다시마 3×3cm 1장) 1/4컵, 맛술 1작은술, 다진 파 1작은술, 다진 생강 약간, 소금 약간

· 마지막에 들깨가루를 넣어 주면 무나물에서 더욱 고소하고 풍부한 맛을 느낄 수 있다.
· 겨울이면 빠질 수 없는 저렴한 가격의 무를 이용한 대표적인 반찬이다.

애호박나물볶음

애호박나물에 빠질 수 없는 양념은 새우젓

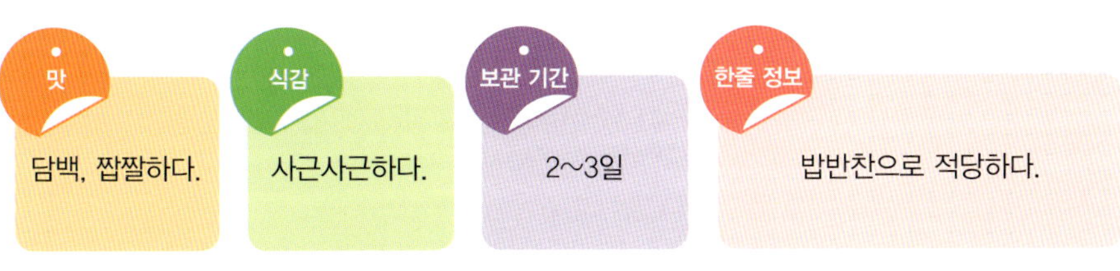

만드는 법

1. 애호박은 길이로 반을 갈라 0.4cm 두께로 약간 도톰하게 반달썰기로 썬다.

2. 썰어 놓은 애호박을 소금으로 살짝 절인 다음 물기를 가볍게 제거한다.

3. 홍고추는 반 갈라 씨를 털어 내고 가늘게 채 썬다.

4. 프라이팬에 식용유를 두르고 다진 마늘을 넣어 향을 낸 후 애호박을 넣고 살짝 볶는다. 애호박이 어느 정도 투명해지면 홍고추와 새우젓 1작은술, 맛술 1큰술, 멸치 또는 까나리 액젓 1큰술을 넣어 다시 한 번 살짝 볶는다.

   Point 국물이 자작한 나물을 원한다면 다시마물을 약간 넣어서 볶으면 된다. 약간 설익었다 싶을 때 마감해야 모양새도 살고 식감도 아삭하니 좋다.

5. 참기름과 깨소금으로 마무리한다.

재료

주재료

애호박 1개

부재료

소금 약간, 홍고추 1/2개, 식용유

양념

다진 마늘 1작은술, 새우젓 1작은술, 맛술 1큰술, 멸치 또는 까나리 액젓 1큰술, 참기름 · 깨소금 약간씩

코멘트
- 애호박은 그냥 볶는 것보다 소금에 약간 절이면 부드러워져서 부서지지 않고 잘 볶아진다.
- 감칠맛과 고소함을 배가해 주는 새우젓은 중심이 되는 양념이다.

취나물들깨즙볶음

들 내음으로 구수하고 고소한 취나물들깨즙볶음

맛	식감	보관 기간	한줄 정보
구수하다.	촉촉하다.	2~3일	쌉싸래한 취나물이 들깨와 잘 어울린다.

만드는 법

1. 소금을 약간 푼 물이 끓으면 취나물을 넣어 살짝 데친 다음 물기를 꼭 짜서 먹기 좋은 크기로 썬다.

2. 1차 양념장 재료를 골고루 혼합한 후 취나물을 넣어 조물조물 무쳐 준다.

3. 팬에 식용유 1큰술을 두른 뒤 양념한 취나물을 넣고 강한 불에서 4분 정도 볶는다.

4. 3에 2차 양념장 재료를 넣고 볶는다.

5. 취나물이 숨이 죽으면 채 썬 홍고추를 넣고 잠시 더 볶다가 소금을 약간 넣어 마무리한다.

재료

주재료

취나물 300g

부재료

소금 약간, 식용유 1큰술, 홍고추 채 썬 것 1/4개

1차 양념장

국간장 1큰술, 들기름 1큰술, 다진 파 1큰술, 다진 마늘 2작은술

2차 양념장

다시마물(물 2컵, 다시마 3×3cm 1장) 1/2컵, 들깨가루 3큰술, 소금 약간

코멘트 **취나물을 부드럽게 삶으려면?**
취나물을 쌀뜨물에 삶아 찬물에 서너 번 헹궈 내면 취나물의 아린 맛이 없어진다.

들 내음을 줄이고 구수하게 볶으려면?
1차 양념을 한 후 볶아 주면 간도 배고 구수하게 볶아져서 들 내음도 나지 않는다.

양념에 된장을 넣을 땐 이렇게
취나물에 그냥 들깨가루 2큰술, 된장 1큰술, 간장 1작은술, 맛술 1큰술, 들기름 2작은술, 다진 마늘 2작은술을 넣고 슬슬 버무려 준다. 그리고 통깨를 솔솔 뿌린다.

감자채피망볶음

평범하지만 누구에게나 사랑받아 온 감자채피망볶음

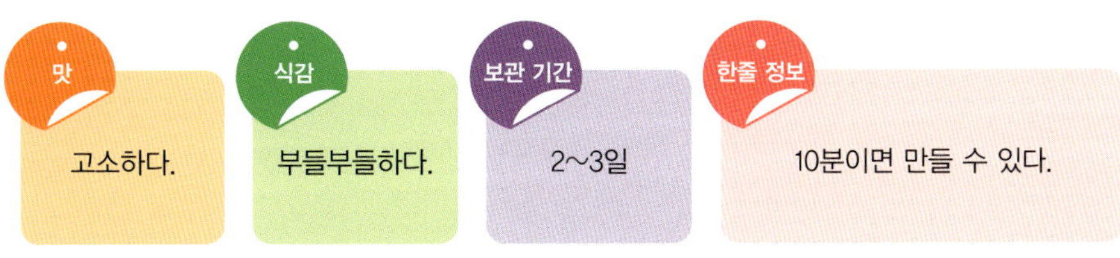

만드는 법

1. 감자는 가늘게 채를 썬다.

2. 채 썬 감자를 넉넉한 양의 찬물에 헹궈 준 후 소금물에 담근다.

3. 피망과 양파는 가늘게 채를 썬다.

4. 감자가 휠 정도로 절여지면 체에 밭쳐 물기를 제거한다.

5. 팬에 식용유를 두르고 감자를 넣어 투명해질 때까지 볶는다.

6. 5에 피망과 양파를 같이 넣고 살짝 볶은 후 소금, 맛술, 흑임자와 흰 후춧가루로 간을 한다.

주재료

감자 2개(중), 피망 1/2개

부재료

양파 약간, 식용유 2큰술

소금물

굵은 소금 1/2큰술, 물 1컵

양념

소금 1작은술, 맛술 2작은술, 흑임자 약간, 흰 후춧가루 약간

코멘트 ・ 햄을 채 썰어 같이 볶아 주면 아이들이 더 좋아하는 볶음이 된다.

감자가 팬에 둘러붙지 않게 하려면?
감자를 채 썬 다음 찬물에 담가 둔 후 비벼 가면서 여러 번 헹궈서 감자에 있는 전분을 줄인다.

감자볶음을 색다르게 하려면?
감자를 볶을 때 카레가루를 약간 넣어 주면 향도, 맛도 좋아진다.

고사리나물볶음

고소하고 촉촉하게 볶은 고사리나물

만드는 법

1. 고사리 끝부분의 질긴 줄기는 잘라 내고 깨끗이 씻어 5cm 정도 길이로 썬다.

2. 양파와 홍고추는 고사리 굵기로 채를 썬다.

3. 1차 양념장을 잘 혼합하여 고사리에 넣고 무친 후 20분 정도 재운다.

4. 다시마물에 들깨가루와 찹쌀가루를 넣고 잘 풀어 2차 양념장을 만들어 둔다.

5. 팬에 식용유를 두르고 고사리를 볶다가 다시마물 2큰술을 넣어 뒤적여 준다.

6. 5에 양파와 홍고추를 넣고 살짝 볶다가 2차 양념장을 넣어 약한 불에서 볶는다. 양념이 고사리와 잘 어우러지면 깨소금을 넣어 마무리한다.

재료

주재료

물에 불린 고사리 200g

부재료

양파 약간, 홍고추 1/2개, 식용유, 다시마물 2큰술, 깨소금 약간

1차 양념장

국간장 1큰술, 멸치 또는 까나리 액젓 2작은술, 맛술 1큰술, 다진 파 1큰술, 다진 마늘 2작은술, 참기름 약간

2차 양념장

다시마물 1/3컵, 들깨가루 1큰술, 찹쌀가루 2작은술

코멘트

- 2차 양념장에 찹쌀가루 2작은술 정도를 넣어 주면 부드럽고 촉촉한 고사리나물이 된다.
- 고사리는 간장으로 양념해서 부드럽게 볶으면 소고기와 비슷한 질감을 느낄 수 있다. 이때 다진 소고기를 볶아서 섞어 주면 그 맛이 더 진해진다.

콩나물무침

우리 밥상의 대표적인 반찬 콩나물무침

만드는 법

1. 콩나물은 깨끗이 씻어서 준비한다.
2. 냄비에 물 1/2컵, 소금 약간과 콩나물을 넣어 뚜껑을 덮고 중간 불에서 8분 정도 삶는다.
3. 삶은 콩나물은 찬물이나 얼음물에 담가 열기를 식혀 준 다음 체에 밭쳐 물기를 뺀다.
4. 볼에 콩나물을 담고 양념을 넣어 고루 무쳐 준다.
5. 통깨를 살짝 뿌려 낸다.

재료

주재료

콩나물 1봉(250g)

부재료

물 1/2컵, 소금 약간, 통깨

양념

고춧가루 1.5작은술, 다진 파 1큰술, 다진 마늘 1작은술, 맛술 1/2작은술, 참기름 2작은술

코멘트

· 콩나물 한 봉지면 여러 가지 반찬이 손쉽게 완성된다. 겨울엔 김치를 넣은 시원한 김치콩나물국, 아니면 찜통에 쪄서 만드는 콩나물무침, 해물이 있다면 콩나물해물냉채 등

아삭한 콩나물무침 만드는 요령

콩나물을 삶거나 증기가 오르는 찜통에서 찐 후에는 얼음물에 빨리 담가 준다. 콩나물의 열기가 식어서 질기지 않고 아삭아삭한 질감이 난다.

흔하고 만만한 식재료지만 조금만 정성을 더 들인다면 평범하지 않은 콩나물무침을 완성할 수 있다.

깔끔하게 무치려면?

고춧가루를 빼고 다진 파 1큰술, 다진 마늘 1작은술, 멸치 또는 까나리 액젓 1/2작은술, 맛술 1작은술, 참기름 2작은술, 깨소금과 소금을 약간씩 넣어 무쳐 준다.

느타리버섯무침

값도 저렴하고 영양 만점인 느타리버섯무침

만드는 법

1. 끓는 물에 소금을 약간 넣고 느타리버섯을 통째로 넣어 살짝 데친 다음 찬물에 헹궈 물기를 짠다.

2. 살짝 데친 느타리버섯을 줄기대로 가른 다음 먹기 좋게 찢어서 다시 물기를 꼭 짠다.

3. 당근과 양파는 4~5cm 길이로 가늘게 썰고, 풋고추도 씨를 털어 낸 후 다른 채소와 동일한 크기로 썬다.

4. 느타리버섯은 양념에 무쳐서 10분 정도 재운다.

5. 팬에 식용유를 두르고 당근, 양파 순서로 볶다가 느타리버섯과 풋고추를 넣어 살짝 볶는다.

6. 불을 끄고 한 김이 나가면 들깨가루를 넣어 가볍게 버무린다.

재료

주재료

느타리버섯 200g

부재료

소금 약간, 당근 40g, 양파 30g, 풋고추 1/3개, 식용유 약간, 들깨가루 1큰술

양념

국간장 1큰술, 맛술 1작은술, 마늘 약간, 참기름 1작은술

코멘트

느타리버섯 선택 요령

느타리버섯의 갓이 연회색을 띠며 둥글고 예쁜 모양일수록 신선한 버섯이다. 버섯머리(갓) 부분이 으스러지지 않은 것을 골라야 한다.

느타리버섯 보관법

- 느타리버섯은 수분 함유율이 90% 정도로 높기 때문에 쉽게 물러서 상하기 쉽다. 통에 키친타월이나 마른 타월을 깐 후 버섯을 깔아 주고 다시 키친타월을 덮은 뒤 버섯을 올리고 뚜껑을 덮지 않는다(1주일 정도 보관 가능).
- 느타리버섯을 살짝 데친 후 랩이나 위생 비닐 팩에 넣어 냉동 보관한다.

숙주나물무침

아삭하게 삶아서 심심하게 무친 숙주나물

만드는 법

1. 숙주는 뿌리 부분을 다듬은 후 깨끗이 씻는다.

2. 끓는 물에 소금을 넣어 숙주를 데친 후 찬물에서 헹군 다음 채반에 건져 뒀다가 물기를 꼭 짜 준다.

3. 숙주에 다진 파 1큰술, 다진 마늘 1작은술, 맛술 1작은술, 소금 약간, 흰 후춧가루 약간을 넣어 고루 무친 후 참기름과 깨소금으로 마무리한다.

 숙주나물은 흰 후춧가루를 약간 넣어 무치면 후춧가루 향이 나물과 의외로 조화를 잘 이룬다.

재료

주재료

숙주 250g

부재료

소금 약간

양념

다진 파 1큰술, 다진 마늘 1작은술, 맛술 1작은술, 소금 약간, 흰 후춧가루 약간, 참기름 2작은술, 깨소금 약간

코멘트

- 녹두에 물을 줘 싹을 낸 숙주나물은 녹두에 비해 비타민 A가 2배, 비타민 B가 30배, 비타민 C가 40배 이상 많으며 간의 해독을 돕는다는 아스파라긴산이 생성된다.
- 숙주나물이 질길 때는 물에 소금을 넣지 않고 데치면 아삭한 맛이 살아난다.

시금치나물무침

부드럽고 달착지근한 시금치나물무침

만드는 법

1. 시금치는 뿌리 부분의 잔털과 흙을 잘 제거하고 한 잎씩 떼어 씻는다.

2. 냄비에 물을 넉넉하게 붓고 소금과 식용유를 약간씩 넣은 뒤 끓으면 시금치를 뿌리 부분부터 넣고 살짝 데친 다음 찬물에 헹궈 물기를 뺀다.

3. 볼에 된장 1.5큰술, 고추장 1큰술, 고춧가루 1작은술, 양파 간 것 1.5큰술, 꿀 1큰술을 넣어 골고루 섞은 후 다진 파 1큰술, 참기름과 깨소금 약간씩을 넣고 다시 한 번 섞어 양념장을 만든다.

4. 시금치를 먹기 좋은 크기로 썰어 양념장에 넣고 무친다.

주재료

시금치 200g

부재료

소금 · 식용유 약간씩

양념장

된장 1.5큰술, 고추장 1큰술, 고춧가루 1작은술, 양파 간 것 1.5큰술, 꿀 1큰술, 다진 파 1큰술, 참기름과 깨소금 약간씩

코멘트

· 시금치에는 평소에 부족하기 쉬운 비타민이나 철분, 칼슘 등의 무기질이 많이 들어 있으며, 콩나물과 어울려 시원하게 국을 끓여도 좋고 나물로도 좋은 식재료다.

맛있는 시금치 선택법

맛있는 시금치를 고르려면 우선 잎이 얇고 줄기는 짙은 녹색으로 길이가 짧고 도톰하며, 뿌리는 약간 보랏빛을 띠는 분홍색이 단맛이 나며 맛있다. 겨울철에는 포항초 시금치가 달큼하고 맛있다.

시금치 같은 녹색 잎채소 데치는 요령

데칠 때 물속에 소금과 식용유를 약간씩 넣어 주면 숨이 죽어도 윤기가 살아 있고 색이 파랗게 돋보이며 질감도 좋아진다.

가지견과류볶음

견과류와 가지를 이용한 건강 음식

맛	식감	보관 기간	한줄 정보
짭조름하다.	보들보들, 바삭바삭하다.	2~3일	가지는 요즘 뜨는 건강식품이다.

만드는 법

1. 가지는 길이로 반 갈라 1cm 두께로 반달썰기한 다음 소금물에 헹군다.

2. 호두는 미지근한 물에 헹군 다음 마른 팬에 넣고 볶아 쓴맛을 없앤 뒤 땅콩과 더불어 굵게 다진다.

   Point 호두는 오븐에 종이 포일을 깔고 구워 놓으면 쓴맛도 제거되고 편리하게 사용할 수 있다.

3. 홍고추는 어슷하게 썰어 씨를 털어 내고, 양파는 굵게 채 썬다.

4. 달군 팬에 식용유를 두른 뒤 파와 마늘을 넣고 센 불에서 향이 나게 볶다가 불을 줄인 뒤 가지를 넣고 식용유가 없을 때까지 볶는다.

5. 양념장 재료를 **4**에 넣고 양념이 고루 배도록 볶다가 채 썬 양파를 넣는다.

6. **5**에 견과류 다진 것과 어슷썬 홍고추를 넣고 볶아서 마무리한다.

재료

주재료

가지 2개, 견과류(호두 2개, 땅콩 3큰술)

부재료

소금 약간, 홍고추 1/2개, 양파 1/2개, 식용유 3큰술, 송송 썬 파 1큰술, 저민 마늘 2큰술

양념장

굴 소스 2큰술, 간장 1큰술, 맛술 2큰술, 물 6큰술, 후춧가루 약간

코멘트
- 가지를 볶을 때 들기름을 약간 섞어 주면 들기름이 가지에 깊이 스며들어 훨씬 더 고소하고 깊은 맛이 난다.
- 가지에는 수분이 많아서 간이 쉽게 배지 않고, 양념에 무쳐 놓으면 시간이 지나면서 싱거워지기 쉬우므로, 가지를 석쇠나 기름을 두르지 않은 팬에서 구워서 양념을 얹거나 볶아 주면 쫄깃하니 식감도 좋고 간이 잘 스며서 끝까지 맛있다.

우거지멸치찜

우거지를 푹 지져서 된장 맛이 구수하게 밴 반찬

맛	식감	보관 기간	한줄 정보
구수하다.	부들부들하다.	3~5일	맛도 만점, 영양도 만점이다.

만드는 법

1. 우거지는 끓는 소금물에 넣고 데쳐서 찬물에 헹군 뒤 결대로 찢어 물기를 뺀다.

   Point 우거지는 칼로 짧게 써는 것보다는 결을 살려서 손으로 찢어야 질감이 살아나고 맛도 한결 좋다.

2. 멸치는 머리와 내장을 제거해 둔다.

3. 대파는 길이로 반 갈라 어슷하게 썰고, 홍고추는 씨째로 어슷하게 썬다.

4. 준비한 분량의 재료를 볼에 넣고 양념장을 만들어 우거지를 무쳐서 10분 정도 재운다.

5. 다시마멸치육수에 찹쌀가루를 넣고 고루 풀어 육수를 만들어 냄비에 넣고 끓이다가 양념한 우거지와 멸치를 넣고 볶는다.

6. 5에 대파와 홍고추를 넣고 중간 불에서 조리다가 국물이 자작하게 졸고 된장 맛이 우거지에 고루 배면 불에서 내린다.

재료

주재료

우거지 250g, 멸치(중) 30g

부재료

소금 약간, 대파 1대, 홍고추 1개

양념장

된장 2큰술, 맛술 1큰술, 다진 마늘 2작은술, 고춧가루 1/2작은술, 소금 약간

육수

다시마멸치육수 1.5컵, 찹쌀가루 1/2작은술

코멘트 / 시래기와 우거지의 차이

푸른 무청을 새끼 등으로 엮어 겨우내 말린 것을 시래기라 하며, 배추 같은 푸성귀에서 뜯어 낸 겉대를 우거지라고 한다.

우거지는 탕이나 국 요리에 넣어 주기도 하고 나물로 조물조물 무쳐 먹기도 한다.

얼갈이된장무침

된장으로 구수하게 무친 얼갈이된장무침

맛	식감	보관 기간	한줄 정보
구수하다.	부들부들하다.	5~7일	구수한 맛이 일품이다.

만드는 법

1. 얼갈이배추는 밑동을 잘라 내고 한 잎씩 떼어 깨끗이 씻는다.

2. 얼갈이배추는 끓는 물에 소금 약간을 넣고 1분 정도 위아래로 크게 뒤집어 가면서 데쳐 준다.

   Point 얼갈이배추는 아주 연하기 때문에 가볍게 살살 다루고 넉넉한 물에서 살짝 데쳐 낸다.

3. 데친 얼갈이배추를 찬물에 두어 번 헹궈 물기를 꼭 짜고 2~3cm 길이로 썰어 준다.

4. 홍고추는 씨를 털어 내고 채를 썬다.

5. 볼에 된장 1.5큰술, 맛술 1작은술, 꿀 1작은술, 다진 파 1큰술, 다진 마늘 약간을 넣어 양념장을 만들어 얼갈이배추와 홍고추를 넣고 조물조물 무친 뒤 참기름과 깨소금으로 마무리한다.

재료

주재료

얼갈이배추 200g

부재료

소금, 홍고추 1개, 참기름 2작은술, 깨소금 1큰술

양념장

된장 1.5큰술, 맛술 1작은술, 꿀 1작은술, 다진 파 1큰술, 다진 마늘 약간

코멘트 · **녹색 잎채소 데쳐 내는 요령**
- 채소 양의 5배 정도의 넉넉한 물을 넣고 물이 끓으면 소금을 약간 넣어서 뚜껑을 열고 데친다. 질감이 강한 줄기나 뿌리 부분부터 넣어 주고 서서히 연한 잎 부분 순서로 넣어야 질감이 고르게 데쳐진다.
- 연한 잎채소는 끓는 물에서 위아래로 한 번만 뒤적여 주면 거의 다 데쳐진 것이고, 질감이 강한 잎채소는 서너 번 뒤적여 주고 불을 끈 후 1분 정도 있다가 찬물에서 헹궈 내면 된다.

유채나물무침

입맛 돋우는 봄나물 요리, 일명 하루나무침

맛	식감	보관 기간	한줄 정보
짭조름하다.	아작아작하다.	2~3일	봄을 알려 주는 맛이다.

만드는 법

1. 유채는 흙이 묻어 있는 밑동을 자르고 물에서 깨끗하게 씻는다.

2. 끓는 물에 소금을 약간 넣은 뒤 유채를 줄기 부분부터 넣어 살짝 데쳐 준다. 전체적으로 위아래로 한번 뒤집어 준 뒤 건져 낸다.

3. 데친 유채는 찬물에서 헹궈 체에 밭쳤다가 물기를 꼭 짠 뒤 먹기 좋게 썬다.

4. 볼에 다진 파 1큰술, 다진 마늘 1작은술, 참치 액젓 1큰술, 소금 약간, 맛술 작은술, 꿀 1작은술을 넣어 양념장을 골고루 섞은 뒤 유채를 넣고 조물조물 무치다가 참기름과 통깨로 마무리한다.

재료

주재료

유채(하루나) 200g

부재료

소금 약간, 참기름과 통깨 약간씩

양념장

다진 파 1큰술, 다진 마늘 1작은술, 참치 액젓 1큰술, 소금 약간, 맛술 1작은술, 꿀 1작은술

코멘트
- 유채 꽃과 줄기를 하루나라고 하는데, 꽃 핀 것이 더욱 고소하다.
- 224쪽의 시금치나물무침에서 소개했던 된장과 고추장을 이용한 양념장으로 무쳐 주어도 맛있는 유채나물무침이 된다.

깻잎나물볶음

들깨 향과 깻잎 향이 입맛을 자극하는 깻잎나물

맛	식감	보관 기간	한줄 정보
고소하다.	보들보들하다.	3~4일	고소함을 두 배로 느낄 수 있는 반찬이다.

만드는 법

1. 깻잎은 어린 순으로 준비하여 깨끗이 씻은 후 끓는 물에 소금을 약간 넣고 숨이 죽을 정도로 살짝 데쳐 낸다. 데친 깻잎은 찬물에 헹궈 식힌 다음 물기를 꼭 짠다.

2. 홍고추는 반을 갈라 씨를 털어 내고 가늘게 채를 썬다.

3. 볼에 다진 파 2작은술, 다진 마늘 1작은술, 국간장 2작은술, 맛술 1작은술, 소금 약간, 들기름 1큰술을 넣어 양념장을 만든다.

4. 깻잎에 양념장을 넣어 고루 무친다.

5. 달군 팬에 식용유를 두르고 깻잎과 채 썬 홍고추를 넣어 달달 볶는다.

6. 깻잎이 약간 고들고들해지면 들깨가루를 넣어 자작하게 살짝 볶아서 마무리한다.

재료

주재료

어린 깻잎 300g

부재료

소금 약간, 홍고추 1개, 식용유 · 들깨가루 1큰술씩

양념장

다진 파 2작은술, 다진 마늘 1작은술, 국간장 2작은술, 맛술 1작은술, 소금 약간, 들기름 1큰술

코멘트 · 나물류를 데친 후에는 물기를 꼭 짜야 씹는 질감이 좋을 뿐 아니라 무친 후에 물이 흐르지 않아 좀 더 오래 두고 먹을 수 있다. 물론 간도 변하지 않는다.

시래기나물볶음

된장과 들깨가루를 넣어 깊은 맛이 나는 시래기나물

만드는 법

1. 말린 시래기는 끓는 물에서 푹 삶은 후 반나절 동안 물에 담가서 우리며 불려 둔다.

2. 시래기는 줄기의 껍질을 하나하나 벗겨 준 다음 물기를 꼭 짜서 적당한 길이로 썬다.
   Point 번거롭지만 껍질의 얇은 섬유질 부분을 벗겨 내야 부드러운 나물이 된다.

3. 볼에 분량의 재료를 넣고 양념장을 만들어 시래기를 무친 후 20분 정도 재워 둔다.

4. 팬에 **3**의 시래기를 넣고 골고루 볶다가 다시마멸치육수를 넣어 지글지글 끓인다. 부족한 간은 소금이나 간장으로 보충해 준다.

5. 국물이 자작해졌을 때 들깨가루를 넣어 준다. 국물이 어느 정도 남아 있어야 더 부드럽고 촉촉하니 맛도 좋다.

재료

주재료
말린 시래기 400g

부재료
다시마멸치육수 2/3컵, 들깨가루 1큰술

양념장
된장 2큰술, 다진 파 2큰술, 다진 마늘 1큰술, 들기름 1큰술, 통깨 약간

코멘트
• 구수하고 깊은 맛의 시래기는 현대인에게 부족한 섬유질이 풍부할 뿐 아니라 비타민과 무기질도 풍부한 식품으로 웰빙 시대를 맞아 건강식품으로 자리 잡았다.

시래기를 말리지 않고 보관하는 방법
시래기는 말리지 않고 살짝 데친 후 냉동실에 보관했다가 나물을 할 때마다 해동하여 압력솥에 삶는다. 찬물에서 2~3시간 우려 낸 후 껍질을 벗기면 술술 손쉽게 벗겨진다.

냉이꼬막살무침

쫄깃한 꼬막살과 봄의 상징인 냉이와의 상큼한 조화

만드는 법

1. 냉이는 뿌리 부분의 흙을 잘 제거하여 끓는 물에 소금을 넣고 데친 뒤 물에 헹궈 물기를 뺀다.

   Point 냉이 뿌리를 살려 줘야 하므로 세로로 가른다.

2. 꼬막은 소금물에 담가 해감한 후 굵은 소금을 넣고 바락바락 문질러 씻은 다음 끓는 물에 삶아 살만 발라 낸 후 살짝 헹군다.

3. 꼬막살은 맛소금, 참기름, 맛술로 밑간을 한다.

4. 양파는 가늘게 채 썰고, 청·홍고추는 반 갈라 씨를 털어 준 후 어슷하게 잘라 가늘게 채 썬다.

5. 냉이와 꼬막살, 양파와 청·홍고추를 양념에 살살 무치고 통깨를 뿌린다.

주재료

냉이 100g, 꼬막살 100g

부재료

소금·굵은 소금 약간씩, 양파 약간, 청·홍고추 1/2개씩, 통깨 1/2큰술

꼬막 밑간

맛소금·참기름·맛술 약간씩

양념

고춧가루와 간장 1.5큰술씩, 다진 마늘 1/2큰술, 달래 썬 것 1큰술, 다진 청·홍고추 1/2큰술, 맛술 1큰술, 참기름 1/2큰술, 청주 1큰술

코멘트 **좋은 냉이란?**

냉이는 어리고 연한 것, 뿌리가 뻣뻣하지 않은 것을 고른다.

냉이 손질법

❶ 흙이 많은 뿌리 부분을 칼로 긁고 누런 잎을 떼어 내면서 다듬는다. 또한 여러 번 씻어서 흙을 말끔히 제거한다.

❷ 삶을 때는 넉넉한 양의 끓는 물에 굵은 소금 약간과 냉이를 넣어 뿌리가 부드러워질 정도로 삶는다.

냉이무침

재료· 냉이 200g

양념장· 고추장 1큰술, 고춧가루와 다진 마늘 2작은술씩, 통깨 2작은술, 참기름 1큰술

미나리나물무침

미나리 특유의 향과 맛을 살린 깔끔하고 담백한 무침

만드는 법

1. 미나리는 잎을 정리하고 줄기 부분을 넓은 볼에 담가 씻는다.

2. 끓는 물에 소금을 넣고 미나리를 살짝 데친 다음 찬물에서 헹궈 채반에 건진다.

3. 미나리를 5cm 길이로 썬 다음 물기를 꼭 짜 준다.

4. 홍고추는 반을 갈라서 씨를 털어 낸 후 입자 있게 다진다.

5. 볼에 양념장 재료인 멸치 액젓 2큰술, 맛술 1큰술, 다진 파 2큰술, 다진 마늘 2작은술, 소금 약간을 넣고 고루 섞는다.

6. 미나리와 홍고추 다진 것을 양념장에 넣고 고루 무친 후 참기름과 깨소금을 넣어 마무리한다.

재료

주재료

미나리 1단(250g)

부재료

소금 약간, 홍고추 2개, 참기름 1큰술, 깨소금 1큰술

양념장

멸치 액젓 2큰술, 맛술 1큰술, 다진 파 2큰술, 다진 마늘 2작은술, 소금 약간

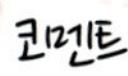

코멘트 · 미나리는 대표적인 봄 채소로 비타민이 풍부하고 해독 작용을 한다. 술자리가 많은 남편에게 미나리나물을 해 주면 건강도 챙기고 봄의 싱그러운 기운도 채워 줄 수 있다.

미나리 보관법
미나리는 신문지에 싸서 비닐봉지에 넣어 세워서 냉장고에 보관한다.

열무나물무침

보리밥과 잘 어울리는 열무나물무침

맛	식감	보관 기간	한줄 정보
매콤, 달콤, 쌉쌀하다.	아작아작하다.	3~4일	쌉쌀한 맛이 자꾸 입맛을 당긴다.

만드는 법

1. 열무는 뿌리 부분을 자르고 씻어 채반에 건진다.

2. 끓는 물에 소금을 넣고 열무를 살짝 데친 다음 찬 물에서 여러 번 헹궈 채반에 건진다. 이렇게 하면 열무의 뜨거운 열기도 식힐 수 있고 쌉쌀한 맛도 줄어든다.

3. 데친 열무의 물기를 꼭 짠 뒤 5cm 길이로 썬다.

4. 준비한 양념장 재료를 볼에 넣고 고루 섞어 준다.

5. 열무를 4의 양념장에 무치고 참기름과 통깨를 넣어 마무리한다.

재료

주재료

열무 1/4단(250g)

부재료

소금 약간, 참기름 2작은술, 통깨 1큰술

양념장

고추장 2큰술, 간장 1작은술, 올리고당 1큰술, 다진 파 1큰술, 다진 마늘 1작은술

코멘트 | **열무에 양념이 잘 스며들게 하려면?**
도마에 데친 열무를 펼치고 포크로 훑어서 찢은 다음 5cm 길이로 썰어 주면 열무가 한결 부드러워지고 양념이 잘 스며든다.

부침 반찬

매생이전·동태전·새우소고기전·해물파전·감자단호박채전·콩찹쌀전·부추장떡·연근파래전·오징어전·굴전·김치전·느타리버섯전·애호박채전 고소한 기름향에 빛깔도 곱디곱고 야들야들한 식감을 자랑하는 전!
우리나라 대표 음식이자 잔치 음식의 대표라 할 수 있다. 손쉬워 보이지만 어떻게 지지는지, 밑간을 어떻게 하는지에 따라 맛의 차이가 난다. 해물류, 채소류, 해조류 등 주재료의 특성을 알고 그에 맞는 색깔의 전을 만드는 맛의 비법을 배워 보자.

☀ 이렇게 하면 전이 훨씬 더 맛있다.

1. 부침가루에 다시마멸치육수나 고기육수를 넣어 반죽을 하면 맛이 깊고 진해지며 전을 부쳤을 때 야들야들한 식감을 준다.
2. 반죽에 변화를 주고 싶을 때는 소금 대신 고추장이나 된장 등을 넣어 주면 색도 곱고 감칠맛이 생긴다.
3. 부침가루에 찹쌀가루나 녹말가루 등 기타 가루를 첨가할 때는 혼합한 뒤 체에 쳐서 서로 잘 섞이도록 해야 반죽이 부드럽게 잘된다.
4. 부침가루에 진미를 내고 싶을 때는 새우가루나 다시마가루 등 해조류가루를 넣어 주면 그 맛이 풍부해지며, 감자가루를 섞어 주면 뜨거울 때는 바삭바삭하고 식으면 끈기가 있어 맛있다.
5. 기름을 너무 많이 넣으면 달걀옷이 매끄럽게 입혀지지 않아 예쁘게 부쳐지지 않고 느끼하다.
6. 전을 부칠 때는 밑면을 2/3 정도 익혀 준 후 뒤집어야 윗면 색이 곱고 예쁘게 지져진다.

☀ 재료별 특성에 맞는 전 부치는 요령

전 종류	전 부치는 요령
김치전이나 배추전	주재료인 김치나 배추를 송송 썬 뒤 참기름, 깨소금, 설탕 약간을 넣어 양념하고, 부침가루에는 김칫국물을 약간 넣어서 반죽하면 맛있는 전이 된다.
해물이 들어가는 전	해산물은 소금, 후추, 맛술, 청주, 다진 마늘, 다진 생강 등으로 밑간을 해서 비린내를 없애 준 후 부침가루를 약간 넣고 가볍게 섞어 주어 해물의 수분을 제거한 다음 반죽해야 부칠 때 이물질이 덜 생겨 맛이 있고 프라이팬이 깨끗하다.
육류전 (소고기, 돼지고기)	육류를 주재료로, 혹은 부재료로 사용하는 경우에는 파, 마늘, 생강, 후추로 밑간을 해 준다. 이때 살코기만 들어가면 퍽퍽하므로 고기에 식용유를 넉넉히 넣어 밑간을 해 두면 콜레스테롤 염려도 없고 전이 한결 부드럽다. 청양고추를 다져서 소량 섞어 주면 느끼한 맛이 적고 담백하다.
녹두 및 곡류전	녹두나 콩 및 기타 곡물을 갈아서 전을 부치면 맛도 있지만 한 끼 식사로도 가능하다. 이때 믹서보다는 커터기로 갈아야 최소의 물을 넣고 갈 수 있어 주재료 본연의 맛이 잘 사는 전이 된다. 기름은 넉넉히 두르고 지져야 고소하고 맛이 있다. 녹두나 콩은 기름 흡수율이 높기 때문에 기름이 부족하면 타기 쉽고 부드럽지 않다.
간식으로 좋은 전	견과류는 두뇌 활동을 좋게 하므로 아이들 간식으로 부침을 할 때는 견과를 갈아서 섞거나 잘게 부숴서 넣어 주면 고소하여 아이들이 부담 없이 먹을 수 있다.

☀ 부침에 어울리는 최고의 양념장 만들기

전 종류	양념장 만들기(양념 비율)
채소전(호박전, 부추전, 감자전, 배추전 등), 두부전 등 담백한 전	간장 2, 사과 쥬스 1, 식초 1, 고춧가루 1/2, 달래 썬 것 1(다진 파 1), 깨소금 1
해물전(해물파전, 굴전, 생선전 등)	간장 1, 액젓 1/2, 식초 1, 레몬즙 1, 맛술 1/2, 설탕 1/2, 홍고추 다진 것 1/2, 청양고추 다진 것 1, 깨소금 1/2, 다진 마늘 1/3
육류전(고기완자전, 육전, 내장전 등)	간장 2, 식초 2, 유자청 1/2, 겨자 갠 것 1/2, 레몬즙 2, 다진 마늘 1/3, 물 2

매생이전

겨울철 별미인 바다 내음 가득 매생이전

만드는 법

1. 매생이는 깨끗하게 여러 번 씻어 체에 밭친 후 물기를 꼭 짠다.

2. 매생이는 결이 비단처럼 매끄럽고 엉겨 있으므로 송송 썰어 준다.

3. 양파 곱게 다진 것 1/4컵, 부침가루 1/2컵, 물 1/3컵을 볼에 넣어 반죽을 만든 뒤 매생이를 넣고 골고루 풀어서 섞어 준다.

4. 달군 팬에 식용유를 적당히 두르고 한 숟가락씩 반죽을 떠서 넣고 앞뒤로 노릇하게 부쳐 준다.

재료

주재료

매생이 100g

부재료

식용유 적당량

반죽

양파 곱게 다진 것 1/4컵, 부침가루 1/2컵, 물 1/3컵

코멘트

- 주로 남도 지방에서 식용하는 가늘고 부드러운 녹조류인 매생이는 파래와 유사하게 생겼으며 겨울철에 주로 채취된다. 철분과 칼륨, 단백질 등을 많이 함유하고 있고 특유의 향과 맛을 지니고 있어 다양한 음식으로 활용되고 있다. 겨울철 별미인 굴을 넣어 끓이는 매생이굴국은 국물이 시원하고 그 향이 좋아 해장국으로 안성맞춤이다.
- 매생이는 겨울이 제철이므로 구입하여 적당한 크기의 덩어리로 썰어 랩에 싸거나 위생 비닐 팩에 담아 냉동 보관할 수 있다.

동태전

한국 전통 음식의 대표적인 얌전한 음식, 동태 전유어

맛
고소하다.

식감
보들보들하다.

보관 기간
2~3일

한줄 정보
뜨거울 때 바로 먹어야 맛있다.

만드는 법

재료

주재료
동태포 400g

부재료
달걀 2개, 소금 약간, 밀가루 1/2컵, 식용유

동태포 밑간
소금 1작은술, 흰 후춧가루 약간, 참기름 1큰술

1. 동태포에 소금을 뿌려 20분 정도 절인 다음 키친타월로 수분을 제거하고 흰 후춧가루와 참기름을 약간씩 골고루 뿌려 10분 정도 재운다.

   Point 동태는 살 자체가 퍽퍽하므로 참기름을 넣어 주면 생선살이 부드럽고 고소해진다.

2. 달걀에 소금을 약간 넣어 고루 풀어 준다.

3. 동태포에 밀가루를 골고루 묻히고 여분의 밀가루는 털어 낸 후 달걀물을 입혀 준다.

4. 팬에 식용유를 두르고 약한 불에서 앞뒤로 노릇하게 지져 낸다.

   Point 팬의 온도가 높거나 기름의 양이 많으면 달걀옷이 얌전하게 입혀지지 않는다.

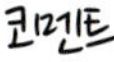
코멘트

- 부침 요리의 하나로 각종 재료에 옷을 입히고, 기름을 두른 번철에서 노릇노릇하게 지져 낸 기름진 맛난 음식을 전유어(煎油魚)라고 한다. 재료로는 흰살생선을 비롯해서 육류, 채소류 등을 다양하게 쓴다.
- 전을 부칠 때는 소금에 살짝 절여 키친타월로 수분을 빼고 부쳐야 달걀옷도 잘 입혀지고 모양도 예쁘다.
- 생선전을 좀 더 색스럽게 하려면 달걀에 홍고추 다진 것이나 부추 썬 것, 파슬리가루를 넣어 주면 색감이 화려하다.

새우소고기전

탱글탱글한 새우살과 소고기를 노릇노릇하게 구운 전

맛 고소하다.

식감 탱글탱글하다.

보관 기간 2~3일

한줄 정보 아이들 반찬으로 좋다.

만드는 법

1. 새우살은 소금물에 헹궈 체에 받쳐 뒀다가 굵게 다진다.

2. 실파는 송송 썰고, 당근과 양파는 곱게 다진 뒤 팬에서 볶아 식혀 둔다.

3. 다진 새우살과 다진 소고기, 송송 썬 실파, 다진 마늘, 소금과 후춧가루를 볼에 넣고 골고루 섞어 주다가 볶은 당근과 볶은 양파, 빵가루를 넣고 치대어 반죽한다.

4. 반죽을 한 수저씩 떠서 지름 4cm 크기로 동글납작하게 완자를 빚는다.

5. 볼에 달걀을 풀어서 완자를 하나씩 넣고 달걀옷을 입힌다.

6. 달군 팬에 식용유를 두르고 완자를 넣어 앞뒤로 노릇하게 부친다.

재료

주재료

새우살 150g, 다진 소고기 80g

부재료

소금 약간, 실파 2줄기, 당근 1/5개, 양파 1/2개, 빵가루 1/3컵, 달걀 3개, 식용유

양념

다진 마늘 1작은술, 소금과 후춧가루 약간씩

코멘트 · 반죽할 때 밀가루 대신 빵가루를 넣어 주면 식어도 뻣뻣하지 않고 부드럽다.

동그스름하고 납작한 전을 만들려면?
새우와 소고기 반죽에 녹말가루를 넣어 주면 내용물의 수분이 흡수되어 모양 잡기가 편하고 익혔을 때도 매끄럽고 부드럽다.

해물파전

해물과 실파가 들어간 고소하고 바삭한 파전

맛	식감	보관 기간	한줄 정보
고소하다.	쫀득쫀득, 바삭바삭하다.	2일	막걸리와 잘 어울린다.

만드는 법

1. 실파는 깨끗이 씻어 팬 길이에 맞춰 썬 후 밀가루를 고루 뿌려 둔다.

2. 오징어는 내장을 빼고 깨끗이 씻어 살짝 데친 후 반으로 갈라 곱게 채를 썬다.

3. 새우살과 굴, 조갯살은 소금물에 씻어 물기를 뺀다.

4. 해물을 한데 섞어 다진 마늘, 소금, 후춧가루, 참기름을 넣고 무친 뒤 밀가루로 가볍게 버무려 둔다.

5. 홍고추는 갈라서 씨를 턴 후 채를 썬다.

6. 달걀과 다시마멸치육수를 혼합하여 섞고 밀가루와 찹쌀가루를 넣어 뭉침 없이 풀어 준 다음 소금으로 간을 맞춰 반죽을 준비한다.

7. 팬을 달궈 식용유를 넉넉히 두른 후 실파를 반죽에 적셔 팬에 가지런히 펴고 파 사이사이에 틈이 생기지 않게 반죽을 끼얹는다.

8. **7**에 해물과 홍고추 썬 것을 얹고 반죽을 살짝 끼얹어 노릇노릇하게 부쳐 낸다.

재료

주재료

실파 200g, 오징어 1/2마리, 새우살 40g, 굴 30g, 조갯살 20g

부재료

밀가루, 소금 약간, 홍고추 1개, 식용유

해물 양념

다진 마늘, 소금·후춧가루·참기름 약간씩

반죽

달걀 2개, 다시마멸치육수 2/3컵, 밀가루 1컵, 찹쌀가루 1/3컵, 소금 약간

코멘트 · 반죽에 쌀가루를 넣으면 바삭함을, 찹쌀가루를 넣으면 쫀득함을 느낄 수 있으므로 식성대로 골라서 사용하는 것이 좋다.

감자단호박채전

쫀득쫀득한 감자와 달달한 단호박의 만남

만드는 법

1. 감자는 껍질을 벗긴 후 가늘게 채를 썰어 물에 담갔다가 체에 밭친다.
2. 끓는 물에 소금을 약간 넣고 감자를 살짝 데친 다음 체에 밭친다.
3. 단호박은 껍질과 씨를 제거한 후 가늘게 채를 썰어 소금을 약간 치고 물기를 없앤다.
4. 달걀은 소금을 약간 넣어서 거품기로 풀어 준다.
5. 볼에 감자채와 단호박채를 섞고 밀가루를 골고루 뿌린 다음 달걀 푼 것을 넣어 섞는다.
6. 달군 팬에 식용유를 두르고 **5**의 반죽을 한 수저씩 노릇하게 지져 낸다.

재료

주재료

감자 200g, 단호박 100g

부재료

소금 약간, 달걀 2개, 밀가루 30g, 식용유 넉넉하게

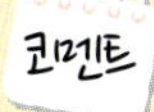

- 단호박은 비타민 A가 많아 코와 목의 점막을 보호하여 감기를 예방하고, 항암 효과도 크다. 감자에 함유된 전분질 성분은 가열했을 때 감자 속의 비타민 C를 보호해 주는 역할을 하므로 조리 후에도 영양 손실이 적다.

콩찹쌀전

술안주로도, 간식으로도 정말 좋은 고소한 콩찹쌀전

맛
고소하다.

식감
쫄깃쫄깃하다.

보관 기간
2~3일

한줄 정보
식사 대용으로 먹기 좋다.

만드는 법

1. 콩에 물을 넉넉히 붓고 7시간 정도 불린 뒤 커터기에 최소한의 물(2큰술)을 넣고 곱게 갈아 준다.

   Point 믹서에 갈 때는 물의 양과 쌀가루의 양을 늘리고 콩 껍질을 벗겨 주어야 입자가 곱다. 콩 이외에 쌀가루 양이 늘어나면 고소한 맛이 부족하다.

2. 콩 갈은 것에 찹쌀가루와 멥쌀가루, 흑임자, 물 3큰술, 설탕과 소금을 섞어 주어 반죽한다.

3. 달군 팬에 식용유를 두른 뒤 반죽을 작고 둥글게 빚어 올려 노릇하게 지진다.

   Point 콩전이나 녹두전은 다른 전에 비해 기름 흡수량이 높기 때문에 식용유를 넉넉히 두르고 부쳐야 고소하고 타지 않는다.

재료

주재료

흰콩 1컵(불린 것은 2.5컵)

부재료

물 5큰술, 찹쌀가루 1/4컵, 멥쌀가루 1/4컵, 흑임자 1큰술, 식용유

양념

설탕 · 소금 약간씩

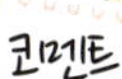
코멘트

- 혈액을 깨끗이 하는 밭의 고기 콩. 콩을 갈아서 찹쌀가루와 멥쌀가루를 섞어 주면 끈기가 생겨서 전을 부치면 모양이 흐트러지지 않고 맛도 있다.
- 콩전의 부재료로 김치와 다진 돼지고기를 양념해서 올려 주어 부치면 녹두전 같은 맛이 나면서 더 고소하다.
- 흰콩(대두) 이외에 검정콩 등을 사용해도 좋고, 여기에 곡물 불린 것(현미, 찹쌀, 멥쌀 등)을 넣어 같이 갈아 주면 훌륭한 한 끼 식사가 된다.

부추장떡

비오는 날 먹으면 더 맛있는 부추장떡

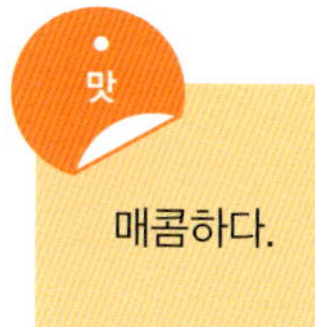

만드는 법

1. 부추는 뿌리 부분의 흙을 잘 털어 낸 후 깨끗이 씻어서 짧게 자른다.

2. 양파는 곱게 다진다.

3. 물 1컵에 부침가루 1컵, 고추장 1큰술, 된장 1/2큰술, 까나리 액젓 1/2작은술을 넣고 골고루 잘 풀어 반죽을 만든다.

4. 반죽에 부추와 양파를 넣어 가볍게 섞는다.

5. 달군 팬에 식용유를 두르고 한 숟가락씩 넣고 노릇하게 지져 마무리한다.

주재료

부추 100g

부재료

양파 1/6개, 식용유

반죽

물 1컵, 부침가루 1컵, 고추장 1큰술, 된장 1/2큰술, 까나리 액젓 1/2작은술

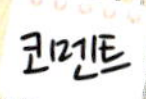

- 부추에서 나는 특유의 향은 식욕을 돋우어 주고, 부추에 함유된 성분은 발암 물질을 억제하여 암을 예방하고 소화를 도와주는 기능을 한다.
- 중국의 황후 서태후가 즐겨 먹었던 식품이기도 한 부추는 힘이 솟게 하는 스태미나 식품으로도 알려져 있다.
- 송송 썬 부추가 들어간 전은 간식으로도, 반찬으로도 잘 어울린다.

연근파래전

환절기 감기 예방에 좋은 연근파래전

맛	식감	보관 기간	한줄 정보
고소하다.	쫀득쫀득하다.	2~3일	약한 불로 천천히 익힌다.

만드는 법

1. 연근은 껍질을 벗기고 물에 씻은 후 잘게 썰어 커터기로 곱게 갈아 준다.

   Point 연근 껍질은 감자 필러를 이용해 벗기면 손쉽게 해결된다. 껍질을 벗긴 연근은 갈변하므로 바로 사용하지 않으면 물에 담가 둔다.

2. 파래는 물에서 살랑살랑 가볍게 헹군 뒤 물기를 꼭 짜서 칼로 송송 썬다.

3. 볼에 연근과 파래를 담고 물 1큰술, 쌀가루 1큰술, 소금 약간을 넣어 고루 섞는다.

4. 달군 팬에 식용유를 두르고 반죽을 도톰하게 올려 노릇하게 지진다.

   Point 식용유를 너무 많이 두르면 연근파래전 특유의 고소함이 덜하고 느끼해질 수 있으므로 약간만 둘러 준다.

재료

주재료

연근 300g, 파래 50g

부재료

물 1큰술, 쌀가루 1큰술, 식용유

양념

소금 약간

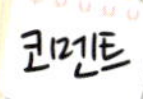

- 연근에는 비타민 C와 철분이 풍부해서 감기와 빈혈을 예방한다.
- 제철에 맞춰 연근 대신 우엉이나 감자를, 파래 대신 쑥이나 냉이를 넣어도 좋다.

오징어전

오징어를 곱게 갈아 감칠맛 나게 부친 오징어전

맛
감칠맛 난다.

식감
쫄깃쫄깃하다.

보관 기간
2~3일

한줄 정보
도시락 반찬이나 술안주로 좋다.

만드는 법

1. 오징어는 깨끗이 씻은 뒤 칼로 썰어 커터기에 갈아 준다.

   Point 냉동 상태의 오징어를 썰어 넣어야 더 잘 갈린다.

2. 풋고추, 홍고추, 마른 표고버섯 불린 것, 양파는 곱게 다진다.

   Point 청양고추를 약간 넣어 주면 청양고추의 매콤한 맛이 느끼함을 줄여 주고 입맛을 돋운다.

3. 볼에 부침가루 6큰술, 달걀 2개, 소금, 후춧가루 약간을 넣고 섞어서 반죽을 만든다.

4. 반죽에 오징어 갈은 것과 다진 채소를 넣어서 골고루 섞는다.

5. 달군 팬에 식용유를 두르고 **4**의 반죽을 한 숟가락씩 떠 넣어 지지고 마무리한다.

재료

주재료
오징어 1마리

부재료
풋고추 · 홍고추 1개씩, 마른 표고버섯 불린 것 1장, 양파 1/6개, 식용유

반죽
부침가루 6큰술, 달걀 2개, 소금, 후춧가루 약간

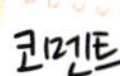**코멘트**
· 오징어는 단백질이 풍부하고 저칼로리인 영양 식품으로 도시락 반찬이나 술안주로 최고다.
· 잘 먹지 않는 마른오징어 다리가 있다면 물에 2시간 정도 불렸다가 잔칼집을 넣어 반죽을 입혀 지져도 쫀득쫀득하니 색다른 오징어전 맛이 난다.

굴전

통통하고 매끄러운 영양 만점 굴전

만드는 법

1. 굴은 물에 한번 헹궈 체에 담아 물기를 뺀다.

   Point 요즘 양식 굴은 깨끗이 손질되어 소금물에 담겨 나오므로 물에 가볍게 씻어 준다.

2. 양파와 대파, 당근은 입자 있게 송송 썰어 준다.

3. 부침가루를 굴에 넣고 가볍게 버무려 준다.

   Point 굴은 물기가 많아서 먼저 부침가루를 입혀 주면 부칠 때 물이 많이 나오지 않는다.

4. 볼에 달걀 2개를 멍울 없이 풀고 굴과 양파와 대파, 당근을 넣어 혼합한다.

5. 달군 팬에 식용유를 두르고 굴을 한 수저씩 떠서 노릇하게 부쳐 준다.

   Point 굴은 수분이 많아 약한 불에서 은근히 노릇하게 부쳐야 속까지 익는다.

재료

주재료

굴 1컵

부재료

양파 1/6개, 대파 1/2대, 당근 3×3cm 1토막, 부침 가루 1/2컵, 달걀 2개, 식용유

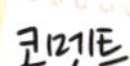
코멘트

- 바다의 우유라고 불리는 영양 만점인 굴은 동그스름하고 부풀어 있는 것이 신선하다.
- 자연산 굴에 무를 간 즙을 가볍게 섞어 주면 뻘은 빠지면서 굴의 신선한 냄새와 맛은 그대로 유지된다.
- 굴은 생것도 맛있지만 전을 부치면 굴 특유의 향이 깊어지면서 입안 한가득 풍성한 맛을 느낄 수 있고, 굴과 같이 겨울이 제철인 파래를 섞어서 넣어 주면 맛도, 영양도 만점인 굴전이 된다.

김치전

매콤하고 바삭해서 먹어도 질리지 않는 전

맛	식감	보관 기간	한줄 정보
매콤하다.	쫀득쫀득, 바삭바삭하다.	2~3일	반죽에 돼지고기 간 것을 섞어도 좋다.

만드는 법

1. 배추김치는 속을 털어 내고 입자 있게 썬다.

2. 양파도 입자 있게 송송 썬다.

3. 볼에 튀김가루 1컵, 부침가루 1컵을 넣고 섞는다.

4. 물 1컵에 김칫국물 3큰술을 넣고 섞는다.

5. **3**에서 혼합해 둔 가루에 **4**의 국물을 조금씩 넣어 가면서 반죽 농도를 조절하며 잘 풀어 준다. 약간 되직한 정도로 섞은 뒤 썰어 놓은 배추김치와 양파를 넣는다.

   Point 너무 오래 섞으면 김치전이 바삭하게 부쳐지지 않으므로 흰 가루가 보이지 않을 정도로만 섞는다.

6. 달군 팬에 식용유를 두르고 한 국자씩 떠서 앞뒤로 전을 부친 후 먹기 좋게 썰어 접시에 담아낸다.

   Point 반죽을 한 숟가락씩 떠서 지지면 먹기 편하다.

재료

주재료

배추김치 4장

부재료

양파 1/5개, 식용유

반죽

튀김가루 1컵, 부침가루 1컵, 물 1컵, 김칫국물 3큰술

코멘트 **색다른 맛의 김치전 소개**

❶ 매콤하고 바삭한 김치전을 원한다면 반죽할 때 튀김가루와 부침가루를 1 : 1로 섞고 김칫국물로 반죽의 상태를 조절한다.

❷ 부드럽고 폭신한 김치전을 원한다면 반죽할 때 달걀 2개를 넣어서 반죽한다.

❸ 매콤하면서도 고소한 색다른 김치전을 원한다면 반죽할 때 콩가루 2큰술 정도를 섞고 김칫국물로 반죽의 상태를 조절한다.

느타리버섯전

쫄깃쫄깃, 야들야들한 느타리버섯전

맛	식감	보관 기간	한줄 정보
감칠맛 난다.	쫄깃쫄깃, 야들야들하다.	2~3일	다른 버섯으로 대체할 수도 있다.

만드는 법

1. 느타리버섯은 한 가닥씩 뜯어 끓는 물에 소금을 약간 넣고 살짝 데친다.

   Point 생것으로 쓰기보다 데쳐서 전을 부쳐야 식감이 더 쫄깃하다. 너무 오래 데치면 느타리버섯의 향이 사라지므로 주의한다.

2. 데친 느타리버섯을 찬물에 헹구고 물기를 꼭 짠 다음 양념으로 밑간을 한다.

3. 당근과 양파, 실파는 입자 있게 썬다.

   Point 느끼함을 줄이고 입맛을 살리려면 청양고추 다진 것을 조금 넣어 준다.

4. 볼에 느타리버섯, 당근, 양파, 실파를 넣어 고루 섞고 부침가루를 넣어서 버무려 준다. 여기에 달걀과 물을 풀어서 섞어 주어 반죽을 만든다.

5. 달군 팬에 식용유를 두르고 한 숟가락씩 떠서 앞뒤로 노릇노릇하게 부친다.

재료

주재료

느타리버섯 300g

부재료

소금 약간, 당근 4cm 1토막, 양파 1/5개, 실파 약간, 식용유

양념(느타리버섯 밑간)

참기름 · 소금 · 후춧가루 약간씩

반죽

부침가루 1/3컵, 달걀 2개, 물 2큰술

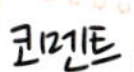 **코멘트**

- 대부분의 버섯은 항암 효과가 있는데 느타리버섯은 가격도 저렴하면서 일반적인 식용 버섯 가운데 항암 효과가 가장 좋다. 또한 콜레스테롤을 줄여 혈압을 낮추는 역할을 한다.
- 느타리버섯전은 약간 싱겁게 해서 간장에 찍어 먹는 것이 더 맛있다.

겨자간장 소스

재료 · 간장 · 식초 · 물 1큰술씩, 겨자 갠 것 2작은술, 설탕 1작은술

애호박채전

달콤하고 부드러운 애호박채전

만드는 법

1. 애호박은 곱게 채를 썬다.

2. 애호박채는 설탕과 소금으로 밑간을 한 다음 물기를 가볍게 짜 준다.

3. 볼에 멸치육수와 달걀, 소금 약간을 넣고 거품기로 섞어 준 다음 밀가루를 넣고 고루 잘 풀어 반죽을 만든다.

4. **3**의 반죽에 애호박채를 넣는다.

5. 달군 팬에 식용유를 두르고 뜨거워지면 **4**의 반죽을 한 국자씩 떠 넣어 지져 낸다.

주재료

애호박 1개

부재료

식용유

애호박 밑간

설탕과 소금 약간씩

반죽

멸치육수 1컵, 달걀 1개, 소금 약간, 밀가루 1컵

멸치육수

물 1.5컵, 국멸치 10마리

코멘트
- 애호박은 갸름하고 곧은 것으로 연둣빛을 띠는 게 씨가 적고 연하다.
- 감자를 가늘게 채 썰어 뜨거운 물에 데쳐 낸 다음 호박과 섞어서 부쳐 주면 맛도 좋고 한 끼 식사로도 거뜬하다.
- 애호박채에 밀가루 반죽 대신 녹말가루(전분) 3큰술과 찹쌀가루 2큰술을 넣어 기름을 넉넉히 두른 팬에서 지져 내면 호박이 풍부하게 들어간 바삭하고 독특한 애호박채전을 먹을 수 있다.

두부 반찬

가공 식품으로 오랜 역사를 자랑하는 두부는 콩에 있는 단백질과 필수 아미노산, 칼슘, 철분 등의 영양소는 그대로 간직하면서 소화는 가장 쉽게 되도록 만들어진 식품이다.

값도 싸고 구하기도 쉬운 서민적이고 소박한 식품인 두부를 가벼운 간식에서 근사한 메인 요리까지 맛있게 먹을 수 있는 다양한 조리법을 배워 보자.

☀ 집에서도 만드는 간단한 두부 만들기

- 재료

  국내산 콩 500g(두부 2모 완성), 물 12.5컵, 소금물(소금 3/4작은술(2g), 물 1/2컵), 응고제(염화 마그네슘) 1.5작은술(4g)

- 도구

  가정용 믹서, 끓임 냄비(대), 여과체, 비지 자루, 면포, 계량 컵, 성형 상자

- 만드는 방법

  ❶ 콩을 서너 번 헹궈 가며 깨끗이 씻은 뒤 하룻밤 불려 둔다.

  ❷ 불린 콩과 물 2.5컵을 믹서에 조금씩 넣어 가며 곱게 갈아 준다(콩의 부피가 믹서 용기의 1/2 이 넘지 않도록 한다).

  ❸ 바닥이 넓은 냄비에 물 10컵을 넣고 끓인다. 물이 끓을 때 ❷에서 갈아 낸 콩물을 붓고 바닥 이 눋지 않도록 주걱으로 저어 준다.

  ❹ ❸을 비지 자루에 넣고 꼭 짜면서 여과체에서 비지와 콩물로 나눈다.

  ❺ 소금물에 응고제 1.5작은술을 녹여 간수를 만든다.

  ❻ 콩물은 온도가 80~85˚ 정도가 되도록 열을 가한 후 준비한 간수를 섞으면서 저어 준다.

  ❼ 10분 정도 지나 덩어리가 생기면 5분 정도 더 두었다가 노란 웃물을 버린다. 멍울멍울한 덩 어리 모음이 순두부다.

  ❽ 면포를 깐 성형 상자에 응고되기 시작한 두부를 붓고 무거운 것으로 눌러 둔다.

  ❾ 물기가 다 빠지면 두부를 꺼내 찬물에 잠깐 담가 여분의 불순물을 빼낸다.

두부 만드는 데 필요한 재료는 한국두부연구소에서 두부 제조용품을 판매하므로 구입이 가능하다.
문의 : 한국두부연구소 032) 544-4007, 010-6360-1582

☀ 음식에 따른 두부 요리 포인트

1. 두부로 볶음을 할 때

질감이 단단한 부침용 두부를 골라 팬에 살짝 구워 준 뒤 요리하면 모양과 풍미가 살아난다. 팬에서 굽기 전에 물기를 없애 주는 것이 깔끔한 요리를 만드는 포인트다.

2. 두부로 찜이나 조림을 할 때

두부는 수분이 많아 찌거나 조리기 전에 물기를 적절히 조절해 주어야 부드러움도 살고 음식의 모양이 망가지지 않는다. 조림은 대개 간장으로 양념을 하는데 채소를 넣어서 조리면 몸에도 좋은 반찬이 된다. 간장에는 육수나 다시마 우린 물을 섞어 가며 조리면 좋은데, 이때 간장과 물의 비율은 1 : 1이 좋다.

3. 튀김과 부침

튀김을 하기 전에 먼저 두부의 물기를 없애야 하므로 녹말가루(전분)나 밀가루를 골고루 묻힌다. 이때 여분의 가루를 털어 내야 깔끔하게 튀겨진다. 전과 같은 부침 요리를 할 때는 두부를 으깰 때 면포에 싸서 물기를 꼭 짠 후 사용한다.

4. 냉두부 요리

두부를 차게 해서 먹는 냉두부 요리는 간장 양념만을 얹어서 전채로 내기도 좋다. 신선한 채소와 곁들이면 샐러드로 낼 수도 있어 한 끼 식사로 충분하며 다이어트에도 효과 만점이다. 대개 연두부를 사용하는데 냉장고에 차게 보관했다가 조리해야 제맛을 낼 수가 있다.

두부참치전

씹을수록 부드럽고 고소한 영양 만점 두부참치전

맛	식감	보관 기간	한줄 정보
고소하다.	부들부들, 탱글탱글하다.	2~3일	전을 조림장에 조려도 맛있다.

만드는 법

1. 두부는 물기를 꼭 짜서 칼등으로 으깨어 준다.
   - **Point** 물기를 제거해야 반죽이 질어지지 않는다.

2. 으깬 두부에 설탕, 소금, 후춧가루를 약간씩 넣어 밑간을 해 준다.
   - **Point** 밑간을 해 주면 간이 배어 맛있다.

3. 참치는 체에 밭쳐 뜨거운 물을 부어서 기름기를 제거한다.

4. 양파, 당근, 깻잎은 입자 있게 다져 준다.
   - **Point** 냉장고 속에 있는 자투리 채소를 활용한다.

5. 볼에 두부, 참치, 양파, 당근, 깻잎을 넣고 밀가루와 소금, 후춧가루로 버무려 준 후 달걀을 풀어 반죽을 만든다.

6. 달군 팬에 식용유를 두르고 반죽을 펴서 지진 후 적당한 크기로 자르거나 한 숟가락씩 떠서 지져 낸다.
   - **Point** 자주 뒤집지 말고 테두리가 바삭하고 노릇노릇하게 익으면 뒤집어 줘야 맛있다.

재료

주재료

두부 1/2모, 참치 1캔

부재료

양파 1/6개, 당근 4cm 1토막, 깻잎 5장, 식용유

두부 밑간

설탕 · 소금 · 후춧가루 약간씩

반죽

밀가루 3큰술, 소금 · 후춧가루 약간씩, 달걀 2개

코멘트 · 만들기 쉽고 간단하면서 아이 간식으로, 술안주와 반찬으로 더할 나위 없이 좋은 전이다. 아이 간식으로 낼 때는 케첩이나 허니머스터드소스가 잘 어울린다.

두부김말이튀김

추억의 김말이를 건강식 두부로 새롭게 만든 반찬

만드는 법

1. 두부는 면포에 넣고 으깨면서 물기를 제거한 다음 소금, 후춧가루, 참기름을 약간 넣어 양념한다.

2. 김은 1/2로 자른다.

3. 오징어는 커터기에 갈아 소금, 후춧가루를 약간 넣어 양념한다.

4. 볼에 두부, 오징어, 다진 당근, 다진 양파, 다진 파, 통깨를 넣어 골고루 반죽한다.

5. 김은 끝부분에서 1cm를 남겨 두고 **4**의 두부 반죽 한 것을 놓고 김밥말이 하듯 말아 준다.

   Point 김 끝부분에 달걀흰자 푼 것을 묻히면 김이 풀어 지지 않고 단단하게 고정된다. 김이 얇고 두부 반죽한 것을 너무 많이 넣으면 튀기다가 터질 수 있으므로 반 죽을 고루 펴 준다.

6. 김말이에 반죽물을 고루 입혀 180℃의 튀김 기름 에서 튀겨 낸다.

재료

주재료

두부 1/2모, 김 2장

부재료

오징어살 50g, 달걀흰자 푼 것 1개, 튀김 기름

양념

소금 · 후춧가루 · 참기름 약간씩, 다진 당근 · 다진 양파 · 다진 파 1큰술씩, 통 깨 약간

반죽물

튀김가루 1/4컵, 물 1/4컵

코멘트
- 두부로 반죽을 만들 때는 수분이 적은 두부를 선택한다.
- 김은 두꺼운 것을 사용하며, 김이 얇으면 터질 수 있으므로 한 장 더 말아 준다.

두부옥수수구이

술안주로, 간식으로 좋은 두부옥수수구이

맛	식감	보관 기간	한줄 정보
고소하다.	쫀득쫀득, 살캉살캉하다.	2일	허브가 두부 맛을 좋게 한다.

만드는 법

1. 두부는 키친타월로 누르듯이 수분을 제거한 후 손으로 큼직큼직하게 뜯는다.

   Point 잘게 뜯는 것보다 큼직하게 뜯어야 부서지지도 않고 모양도 예쁘다.

2. 두부에 소금 약간과 포도씨유 2큰술을 골고루 뿌려서 재운다.

3. 옥수수는 체에 밭쳐 물기를 뺀다.

4. 방울토마토는 2등분하고, 마늘은 편으로 썬다.

5. 호박과 피망도 다른 채소에 맞춰 적당한 크기로 썬다.

6. 달군 팬에 알루미늄 포일을 깔고 두부와 옥수수, 방울토마토, 마늘, 호박, 피망, 파슬리가루나 생허브류를 넣고 포도씨유 2큰술을 비롯한 레몬즙 1큰술, 통후추 간 것을 골고루 뿌린 다음 앞뒤로 노릇노릇하게 굽는다.

재료

주재료

두부 1/2모, 옥수수 1/2캔

부재료

방울토마토 3~4개, 통마늘 2쪽, 호박 4cm 1토막, 피망 1/4개, 파슬리가루 혹은 생허브류

양념

소금 약간, 포도씨유 4큰술, 레몬즙 1큰술, 통후추 간 것 약간

코멘트 • 서민적인 두부를 좀 더 색다르게 즐길 수 있는 요리다.
• 향이 좋은 채소나 파인애플, 견과류를 입맛에 맞게 넣어도 좋다.

두부방울토마토간장무침

짧은 시간에 손쉽게 만들 수 있는 생두부샐러드

만드는 법

1. 두부는 사방 1.5cm 크기로 썰고, 방울토마토는 4등분한다.

2. 두부는 끓는 물에 소금을 약간 넣고 1분 정도 데친 후 찬물에 헹군다.

 생식용 두부를 사용할 경우에는 그대로 쓴다.

3. 실파는 송송 썰어 둔다.

4. 볼에 간장 1큰술, 설탕 2작은술, 식초 1큰술, 깨소금 1/2작은술, 올리브유 1큰술, 생강즙 1작은술을 넣고 충분히 섞어 양념장을 만든다.

Point 양념장은 재료 위에 뿌릴 때마다 흔들어서 섞은 후 넣는다.

5. 접시에 두부, 방울토마토, 실파, 건포도, 통깨를 올리고 양념장을 뿌려서 완성한다.

재료

주재료

두부 2/3모, 방울토마토 3~4개

부재료

소금 약간, 실파 약간, 건포도 1큰술, 통깨

양념장

간장 1큰술, 설탕 2작은술, 식초 1큰술, 깨소금 1/2작은술, 올리브유 1큰술, 생강즙 1작은술

코멘트
- 바쁜 아침에 간단히 식사로 먹을 수도 있고, 다이어트에도 효과적인 샐러드다.
- 견과류를 입자 있게 다져서 위에 뿌려 주면 고소한 맛이 입맛을 돋운다.

두부팽이버섯찜

두부 위에 팽이버섯을 올려 전자레인지에 찐 손쉬운 반찬

만드는 법

1. 두부는 1cm 두께로 썬 다음 키친타월 위에 놓고 소금과 후춧가루를 뿌려 20분 정도 두었다가 물기를 거두고 찹쌀가루를 묻혀 둔다.

2. 달군 팬에 들기름을 두르고 두부를 앞뒤로 노릇노릇하게 지진다.

3. 팽이버섯은 가닥가닥 뜯고, 대파는 반으로 갈라 어슷하게 채를 썬다. 홍고추는 씨를 털어 낸 후 채를 썰어 준다.

4. 분량의 재료를 잘 섞어 양념장을 만든다.

5. 전자레인지용 용기에 두부를 깔고 팽이버섯과 대파, 홍고추를 올린 후 양념장을 고루 끼얹는다. 물 2큰술을 뿌리고 전자레인지에서 5분 정도 찐다.

재료

주재료
두부(부침용) 1모, 팽이버섯 1/2봉

부재료
찹쌀가루 2큰술, 들기름 3큰술, 대파 1/2대, 홍고추 1/2개, 물 2큰술

두부 밑간
소금 · 후춧가루 약간씩

양념장
고춧가루 1/2큰술, 간장 1큰술, 다진 마늘 약간, 후춧가루 약간

코멘트 | 쉽게 물러지는 팽이버섯 보관 방법
김치냉장고처럼 온도가 너무 낮은 곳보다는 냉장고 채소실에 보관하면 7일 정도 보관이 가능하다. 통에 키친타월을 깔고 가닥가닥 뜯은 팽이버섯을 올리고 그 위에 다시 키친타월을 깔되, 쉽게 무르거나 상할 수 있으므로 무거운 것을 올려놓지 않는다.

초간단 팽이버섯무침
재료 및 양념 · 팽이버섯 1봉, 부추 30g, 양파 1/6개, 간장 · 맛술 1큰술씩, 식초 1.5큰술, 고춧가루 1작은술, 설탕 1.5작은술, 깨소금 · 참기름 약간씩
만드는 법
① 팽이버섯은 밑동만 잘라 내고, 부추는 5cm로 썰고, 양파는 곱게 채 썬다.
② 양념을 만들어 가볍게 무쳐 낸다.

얼큰한두부볶음

얼큰한 양념을 가미하여 매콤하게 두부를 볶는 요리

맛
매콤, 고소하다.

식감
부들부들하다.

보관 기간
2~3일

한줄 정보
술안주로 좋다.

만드는 법

1. 두부는 1cm 두께로 한 입 크기의 삼각 썰기를 한 다음 키친타월 위에 놓고 소금을 약간 뿌려 준 후 물기를 제거한다.

2. 새송이버섯은 도톰하게 썰고, 양파와 홍피망은 각지게 썬다. 호박은 은행잎 모양으로 썰어 주고, 마늘은 납작하게 저민다.

3. 달군 팬에 식용유를 두르고 약한 불에서 마늘을 볶아 향을 낸 후 두부를 넣고 노릇하게 지져 낸다.

4. 다른 팬에 새우, 새송이버섯, 호박, 양파, 홍피망, 은행순으로 넣어 같이 볶는다.

5. 분량의 재료를 섞어 양념장을 만든다.

6. 4에 지져 낸 두부와 양념장을 넣고 뒤적여 가며 볶아 준다.

재료

주재료
두부 1/2모

부재료
소금 약간, 새송이버섯 1개, 양파 1/6개, 홍피망 1/4개, 호박 4cm 1토막, 마늘 2쪽, 식용유, 껍질 깐 새우(칵테일 새우) 5마리, 은행 5알

양념장
두반장 1/2큰술, 고춧가루 1/2작은술, 청주 2큰술, 고추장 1/2작은술, 간장 1.5큰술, 맛술 1큰술씩, 설탕

코멘트
- 두반장은 콩에 고추를 갈아 넣어 발효시킨, 매콤한 맛을 내는 중국 양념이다. 설탕과 맛술을 같이 넣어 주면 약간 달콤한 맛이 매운맛을 더 좋게 해 준다.
- 두반장 대신 굴 소스를 넣으면 풍미가 좋아지고 맵지 않아 어린아이들도 먹을 수 있다.

두부 반찬
두부쌈장
290

쌈 채소와 매우 잘 어울리는 고소한 두부쌈장

만드는 법

1. 두부는 칼등으로 곱게 으깨어 준다.

2. 양파와 홍고추는 입자 있게 다진다.

3. 잔멸치는 달군 팬에서 살짝 볶는다.

4. 볼에 된장 2큰술, 고추장 1큰술, 올리고당 2작은술, 맛술 2작은술, 참기름이나 들기름 2작은술, 통깨 1/2작은술을 넣어 골고루 잘 섞는다. 여기에 두부, 양파와 홍고추 다진 것, 잔멸치를 넣어 다시 잘 섞어 준다.

Point 호두나 땅콩 등의 견과류를 커터기에 갈아서 섞어 주면 고소하고 영양 만점의 쌈장이 완성된다.

재료

주재료

두부 1/3모

부재료

양파 1/3개, 홍고추 2개, 잔멸치 3큰술

양념

된장 2큰술, 고추장 1큰술, 올리고당·맛술 2작은술씩, 참기름이나 들기름 2작은술, 통깨 1/2작은술

코멘트 · 두부쌈장은 살짝 데친 깻잎이나 취나물, 찜통에서 찐 양배추 혹은 다시마 등 어느 것과도 잘 어울리는 쌈장이다. 또한 두부가 들어가서 일반 쌈장과 달리 짜지 않고 부드럽다.

두부간장조림

두부간장조림

부드럽고 고소한, 윤기 있는 조림 반찬

맛	식감	보관 기간	한줄 정보
고소, 짭짤하다.	부들부들하다.	2~3일	가격도 저렴하고 간단히 만들 수 있어서 좋다.

만드는 법

1. 두부는 한 입 크기로 사각으로 썰어 키친타월 위에 놓고 소금과 후춧가루를 뿌린 다음 물기를 뺀다.

2. 물기 뺀 두부에 녹말가루를 묻혀 달군 팬에 식용유를 두르고 앞뒤로 노릇노릇하게 지진다.

3. 홍고추는 곱게 채를 썰고, 실파는 송송 썬다.

4. 볼에 간장 2큰술, 맛술 1큰술, 후춧가루 · 설탕 · 통깨 약간씩을 넣어 조림장을 만든다.

5. 팬에 두부를 넣고 그 위에 조림장을 얹어 약한 불에서 은근히 조리다가 홍고추채와 실파를 넣어 완성한다.

재료

주재료

두부 1모

부재료

녹말가루 2큰술, 식용유, 홍고추 1개, 실파 30g

두부 밑간

소금 · 후춧가루 약간씩

조림장

간장 2큰술, 맛술 1큰술, 후춧가루 · 설탕 · 통깨 약간씩

코멘트 | **조림 요리를 잘하려면?**

약한 불에서 주재료에 조림장을 끼얹어 가며 조려야 재료 속까지 간이 배고 부서지지 않으며 윤기 있게 조려진다.

• 다시마물에 카레가루를 풀어 두부와 같이 자작하게 조려도 카레 향기와 맛이 조화를 이룬다.
  양념 • 카레가루 2큰술, 다시마물 2컵, 간장 2큰술

두부김치

부드러운 두부와 볶은 김치의 만남

만드는 법

1. 두부는 소금을 넣은 끓는 물에 삶아 건져서 물기를 뺀 다음 한 입 크기로 도톰하게 썬다.

2. 김치와 양파는 굵직하게 채 썰고, 대파는 어슷하게 썬다. 홍고추는 어슷하게 썰어 씨를 털어서 준비한다.

3. 돼지고기는 납작하게 썰어 다진 마늘, 소금, 후춧가루를 넣어 양념한다.

4. 달군 팬에 식용유를 두르고 돼지고기를 볶다가 김치와 양파, 대파순으로 넣어 김치와 고기 맛이 어우러지게 같이 볶아 낸 뒤 홍고추와 참기름, 통깨를 넣어 준다.

5. 데쳐 낸 두부와 김치를 접시에 어우러지게 담은 뒤 흑임자를 약간 뿌려 마무리한다.

재료

주재료

두부 1모, 김치 100g, 돼지고기 100g

부재료

소금 약간, 양파 1/4개, 대파 1/3뿌리, 홍고추 1/2개, 식용유, 참기름 1작은술, 통깨 · 흑임자 약간씩

돼지고기 밑간

다진 마늘 1작은술, 소금 · 후춧가루 약간씩

코멘트

- 갑자기 손님을 대접하게 되었을 때 손쉽게 만들 수 있는 스피드 요리이며 최고의 술안주다.
- 술안주는 단백질이나 무기질, 비타민 등의 영양소를 고루 갖추어야 하는데, 소화 · 흡수가 잘되고 양질의 단백질인 두부와 김치가 조합을 이룬 두부김치는 이런 의미에서 좋은 안줏거리다.

두부전

맛있는 양념장에 콕콕 찍어 먹는 노릇하게 부친 두부전

맛	식감	보관 기간	한줄 정보
고소하다.	부들부들, 쫄깃쫄깃하다.	2~3일	만들기 쉽고 간단하다.

만드는 법

1. 두부는 먹기 좋은 크기로 잘라 키친타월에 얹은 후 소금과 후춧가루를 약간 뿌려 20분 정도 재워 두었다가 가볍게 물기를 제거한다.

   Point 미리 간을 해 두면 맛도 배고 두부가 단단해져서 구울 때 다루기 편하다.

2. 실파는 송송 썰고, 홍고추는 입자 있게 썬다.

3. 두부는 부침가루와 달걀노른자순으로 입힌다. 두부 위에 고명을 얹는다.

4. 달군 팬에 들기름과 식용유 반반씩 섞은 것을 두르고 두부를 중간 불에서 앞뒤로 노릇노릇하게 지져 낸다.

   Point 들기름을 섞어 주면 더욱 풍미 깊은 두부전을 즐길 수 있다.

5. 볼에 분량의 재료를 넣어 양념장을 만들어 완성한다.

재료

주재료

두부 1모

부재료

부침가루 1/2컵, 달걀노른자 2알, 들기름과 식용유 반반씩 섞은 것 3큰술

두부 밑간

소금 · 후춧가루 약간씩

고명

실파 약간, 홍고추 1/2개, 흑임자와 흰깨 섞은 것 1큰술

양념장

간장 1큰술, 멸치 또는 까나리 액젓 1큰술, 맛술 2작은술, 고춧가루 1작은술, 다진 파 1큰술, 설탕과 통깨 약간씩

코멘트 · 두부를 밑간할 때 새우가루나 버섯가루를 넣어 주면 두부의 밋밋함이 사라지고 감칠맛이 좋아진다.

두부양배추굴소스볶음

굴 소스의 풍미로 두부의 매력을 높인 반찬

맛
달콤, 고소하다.

식감
쫄깃쫄깃하다.

보관 기간
2~3일

한줄 정보
고기 맛이 배어 맛있다.

만드는 법

1. 두부는 1cm 두께의 굵은 막대 모양으로 썰어 소금을 약간 뿌린 뒤 키친타월로 물기를 제거한다.

2. 소고기는 얄팍하게 썰어 소고기 양념에 재운 다음 녹말가루를 살짝 입혀 준다.
   Point 녹말가루에 버무려 주면 고기를 볶을 때 육즙이 빠져나오지 않고 부드럽다.

3. 양배추, 당근도 두부와 비슷한 크기로 썬다.

4. 달군 팬에 식용유를 두르고 두부를 노릇하게 지져 낸다.

5. 팬에 식용유를 두르고 소고기를 볶아 낸다.

6. 분량의 재료를 잘 섞어 양념장을 만든다.

7. 다른 팬에서 양배추, 당근을 볶다가 두부, 소고기와 양념장을 넣어 살짝 볶는다.

8. 참기름과 후춧가루를 넣어 마무리한다.

재료

주재료

두부(부침용) 1모, 소고기(채끝살)·양배추 100g씩

부재료

소금 약간, 녹말가루 1/2큰술, 당근 1/5개, 식용유 2큰술, 참기름과 후춧가루 약간씩

소고기 양념

간장 1/2큰술, 맛술 1큰술, 후춧가루 약간, 다진 마늘 약간

양념장

굴 소스·간장·물녹말 1큰술씩, 다진 마늘·다진 생강 1/2큰술씩, 물 1/3컵, 소금 약간

코멘트 · 육수를 넣어 살짝 질척하게 볶으면 덮밥으로도 손색이 없다.

농도를 낼 때 사용하는 물녹말
물과 녹말가루를 1:1 비율로 섞어 준다.

즉석 반찬

매운어묵볶음 · 달걀맛살말이 · 달걀버섯찜 · 비엔나소시지볶음 · 햄양송이볶음 · 실파김무침 · 새우버섯채소볶음 · 단무지무침 · 새송이버섯구이 · 표고버섯볶음 · 부추어묵잡채 · 청포묵무침 · 홍합날치알무침 · 꼬막무침 · 마른멸치초회 · 마늘된장무침 · 부추달걀볶음 · 참치볶음고추장 · 오징어초회 · 돼지머리편육채소무침 · 브로콜리새우볶음 · 죽순볶음 · 마늘종새우볶음 · 미역줄기초고추장무침 · 무짠지양파무침 · 가지양념볶음

바쁜 생활 속에서 시간적 여유가 없을 때 허전해 보이는 밥상을 순식간에 메워 줄 반찬들.
참치 캔이나 소시지, 햄 등 반가공 식품이나 냉동식품을 적절히 활용해 신선한 채소와 엄마의 정
성을 가미해서 만들어 본다.
맛있고 손쉽게 건강한 반찬을 만드는 방법 속으로 들어가 보자.

☀ 가공된 인스턴트식품을 음식으로 만들기 전에 꼼꼼히 체크할 일

1. 햄이나 소시지 등 훈연 제품과 통조림 제품은 제조 연월이 최근 것인지 꼼꼼히 확인하고, 특히 세일 기간 중 구입하는 어묵이나 게맛살 등은 유통기한이 얼마나 남았는지 확인 후 구입한다.

2. 햄이나 어묵, 소시지는 음식을 만들기 전에 물에 데치거나 펄펄 끓는 물을 끼얹어서 살균한 후 사용하는 것이 기름기도 줄일 수 있고 안전하다.

3. 참치나 고등어 등의 생선 통조림은 체에 밭쳐 국물을 거르고 건더기를 건져서 양념해 주는 것이 맛이 깔끔하고 담백하다.

☀ 가공 식품의 대명사 통조림의 유래

양철관 등의 용기에 식품을 가득 채워 밀봉하여 고온에서 가열 살균함으로써 식품이 변질되지 않고 오랫동안 보관할 수 있도록 한 저장 식품의 하나인 통조림은 원래 병조림이 그 효시였으나 유리병이 매우 잘 깨지는 단점을 보완하여 개발되었다. 완전 밀봉함으로써 용기 내외의 공기 유통을 차단하고 외부로부터의 미생물 침입을 방지하며 가열 살균을 통해 식품의 부패를 막아 준다. 비교적 오랜 시간 보관할 수 있고 휴대가 편리하며 위생적이라 과일, 채소, 육류, 어류 등에 다양하게 활용되고 있다.

1795년 프랑스 황제 나폴레옹 1세가 오랜 전쟁으로 식량난에 시달리던 군대에 식품을 신선한 상태로 공급할 수 있는 방법에 대하여 현상 모집을 하였다. 1809년 니콜라 아페르(Nicolas Appert)가 입구가 넓은 유리병에 식품을 채워 열탕 소독한 후 내용물이 뜨거울 때 코르크 마개로 밀봉하는 방법을 발표하여 1만 2,000프랑의 상금을 받기도 하였다. 그 후 1810년에 영국의 피터 듀랜드(Peter Durand)는 잘 깨지는 유리병 대신 양철을 오려 납땜하여 만든 용기를 사용하는 방법을 만들어 냈고 이 양철 용기를 틴 캐니스터(tin canister)라고 불렀다. 오늘날의 통조림(can)을 부르는 것은 여기에서 유래한 약어이다.

☀ 통조림 구입 요령

먼저 외관에 녹이 슬거나 찌그러지지는 않았는지를 살피고, 통 양쪽 면이 부풀어 오르지 않고 안쪽으로 약간 오목해야 한다. 무엇보다 장기 보존 식품이므로 날짜를 꼭 확인하여 가급적 최근에 만들어진 것으로 구입하는 것이 좋다. 또한 통조림을 개봉한 후에 내용물을 통 속에 계속 보관하면 통 속에 함유된 금속 물질이 산소와 결합하여 음식물 속으로 혼입되는 경우가 생길 수 있으므로 가급적 개봉한 통조림의 내용물은 모두 사용하거나 다른 통에 옮겨 보관하는 것이 안전하다.

매운어묵볶음

매콤함이 쫄깃한 어묵의 맛을 살린 볶음

만드는 법

1. 어묵은 체에 담고 끓는 물을 부어서 기름기를 쪽 뺀 다음 2~4cm 크기로 썬다.

   Point 기름에 튀긴 유부나 어묵 등의 가공 식품은 끓는 물을 부어 기름기를 뺀 후 조리하는 게 담백해서 좋다.

2. 홍고추와 대파는 어슷하게 썬다.

3. 달군 팬에 조림장 재료를 넣고 한번 끓인 후 어묵, 홍고추, 대파를 넣어 볶는다.

4. 채소와 어묵이 조림장에 어우러지게 볶아지면 후춧가루, 통깨, 참기름을 약간씩 넣고 빨리 섞어 마무리한다.

재료

주재료

어묵 300g

부재료

홍고추 1개, 대파 1뿌리, 후춧가루 · 통깨 · 참기름 약간씩

조림장

고춧가루 1큰술, 간장 3큰술, 설탕 2작은술, 물엿 2작은술, 맛술 2작은술, 다진 파 1작은술, 다진 마늘 약간

코멘트

• 어묵을 볶을 때 식용유를 더하면 기름기가 돌고 느끼한 맛이 날 수 있으므로 팬 가장자리에 물을 조금 흘려 가면서 볶는다.

• 2~3일 두고 먹는 볶음 반찬은 양념을 넉넉히 써서 촉촉하게 만들어야 시간이 지나도 마르지 않고 부드럽게 먹을 수 있다.

즉석 반찬

달걀맛살말이

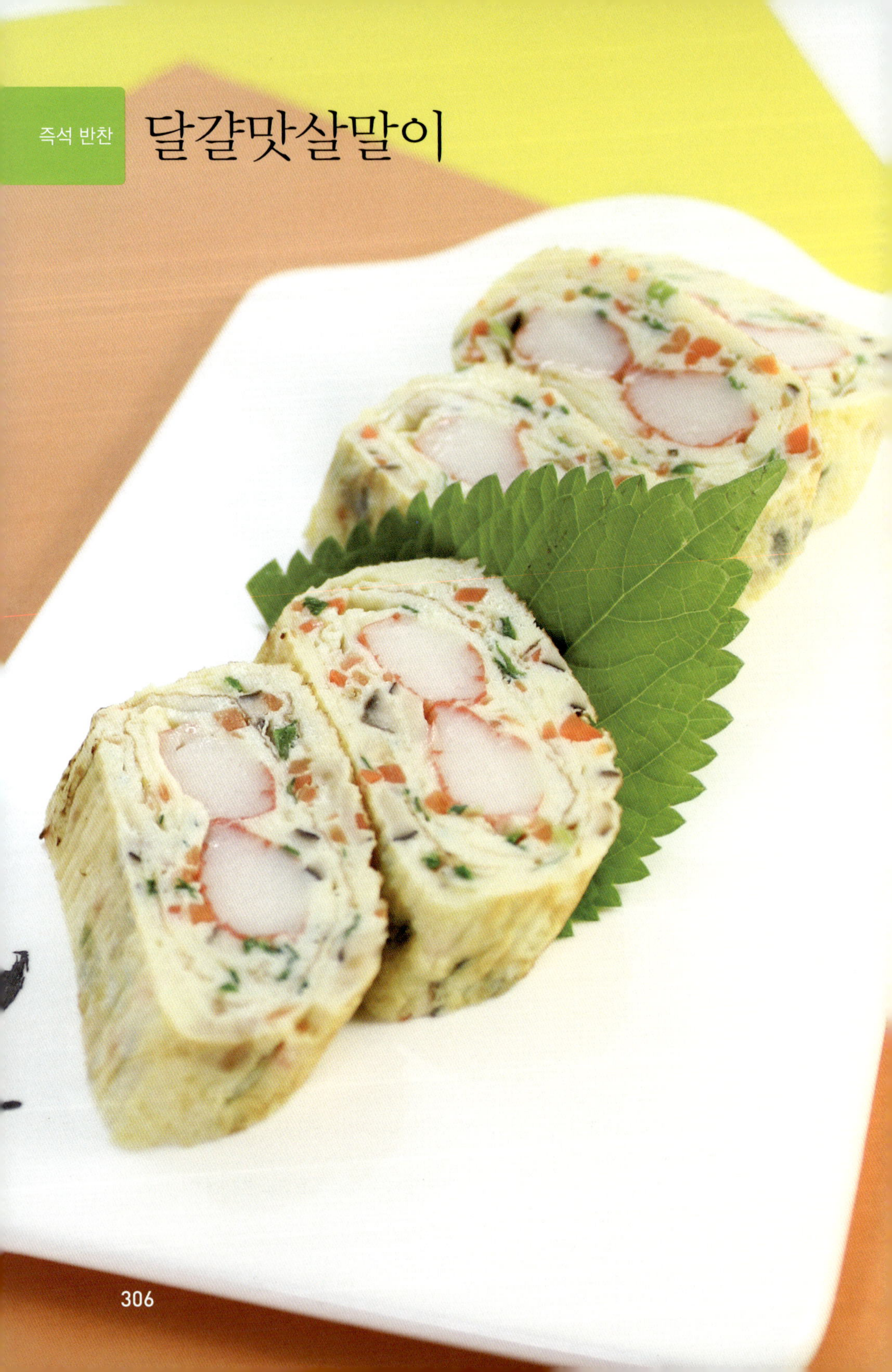

영양 만점의 영원한 도시락 반찬 달걀말이

만드는 법

1. 볼에 달걀을 잘 풀어 준 후 체에 내린다.

   Point 체에 내려서 알끈을 없애야 덩어리지지 않고 곱게 부쳐진다.

2. 게맛살은 두 가닥으로 갈라 준다.

3. 부추, 당근, 표고버섯은 입자 있게 썰어 준다.

4. 달걀에 양념과 채소 썬 것을 넣고 고루 섞는다.

5. 달군 팬에 식용유를 조금 두른 뒤 달걀물의 1/2을 부어 은근한 불에서 익히다가 윗면이 마르기 전에 게맛살을 넣어 달걀의 끝부분 2cm 전까지 말아 준다. 다시 팬에 식용유를 조금 두른 뒤 나머지 달걀물을 붓고 두툼하게 말아 준다.

6. 속이 완전히 익으면 김발에 꺼내 놓고 모양을 잡은 다음 완전히 식으면 먹기 좋은 두께로 썬다.

재료

주재료

달걀 4개, 게맛살 1개

부재료

부추 4줄기, 당근 약간, 표고버섯 불린 것 1/2장, 식용유

양념

물 2큰술, 맛술 2작은술, 소금 1/2작은술, 간장 1/2작은술

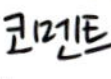
코멘트

- 달걀말이는 가장 많이 하는 도시락 반찬 중 한 가지인데 달걀말이에 톡 쏘는 허니머스터드소스나 달달한 케첩, 특이한 맛인 스테이크소스를 곁들여 주면 그 맛이 어우러져 더 맛있다.
- 달걀을 풀 때는 거품기를 사용해도 좋지만 칼날이 좋은 작은 과도를 이용해서 풀어 주면 아주 쉽고 편리하다.

즉석 반찬

달걀버섯찜

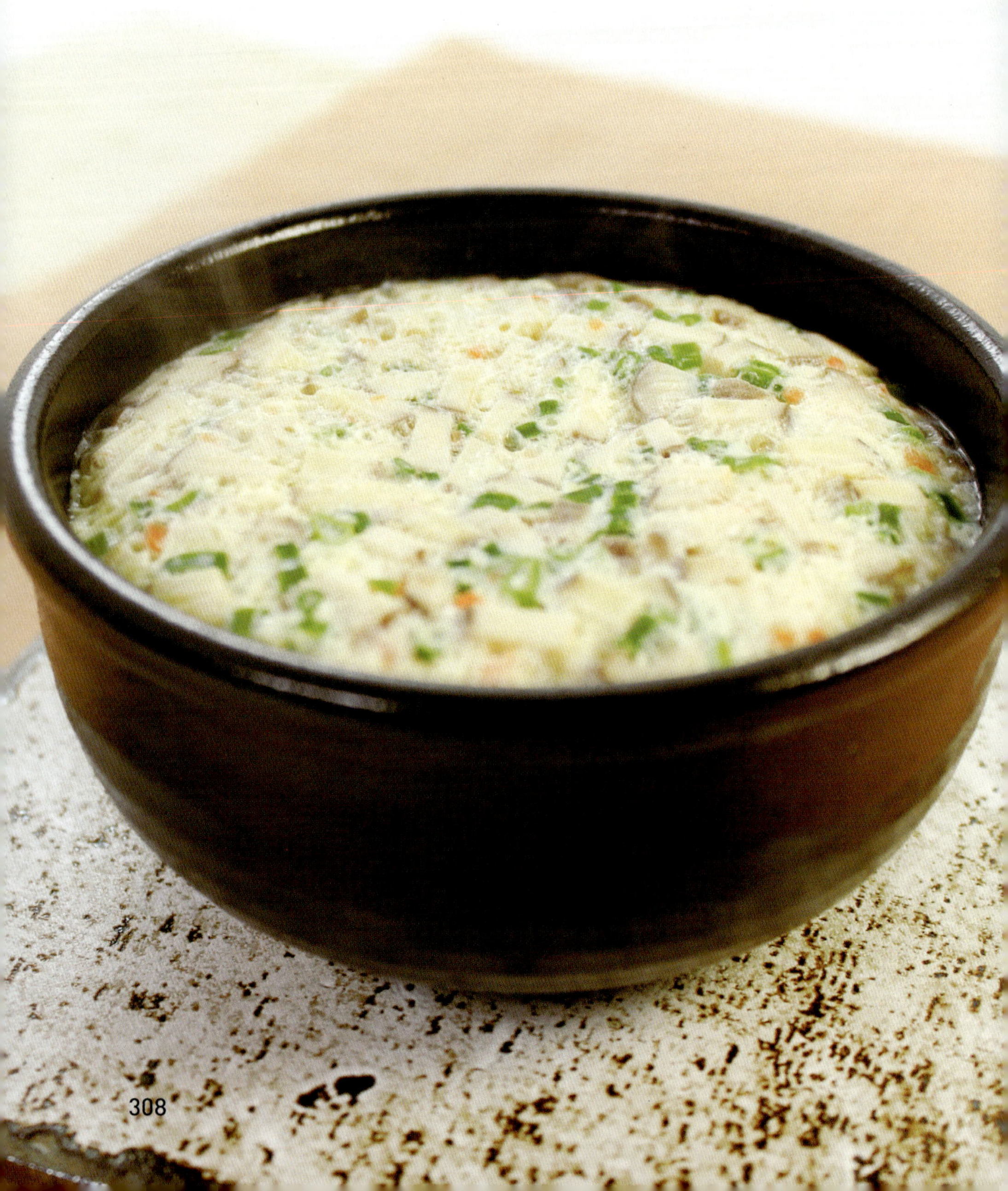

입에서 살살 녹는 부드러운 달걀찜

맛	식감	보관 기간	한줄 정보
담백, 구수하다.	부들부들, 말랑말랑하다.	1~2일	입맛이 없을 때 해 먹으면 좋다.

만드는 법

1. 볼에 달걀을 넣고 거품기로 풀어서 체에 내린다.
2. 새송이버섯은 납작하게 썬다.
3. 당근과 대파는 입자 있게 송송 썬다.
4. 달걀에 다시마물 1/2컵, 우유 1/2컵, 맛술 2작은술, 새우젓 1큰술을 넣고 잘 혼합한 후 새송이버섯과 당근, 대파를 넣는다.
5. 찜통에 찌거나 전자레인지용 용기에 담아 오븐 겸용 전자레인지(일반 전자레인지에서는 10분 정도)에서 5~6분 정도 익혀 낸다.

재료

주재료

달걀 2개, 새송이버섯 1/2개

부재료

당근 약간, 대파 5cm 1개

양념

다시마물(다시마 3×3cm 1장, 물 1컵) 1/2컵, 우유 1/2컵, 맛술 2작은술, 새우젓 1큰술

코멘트

- 달걀찜은 반찬하기 싫은 날 손쉽게 만들어 식탁에 올리면 온 가족이 푸짐하게 먹을 수 있는 한 끼 반찬이 된다.

달걀찜이 부드러우려면?

달걀을 풀어서 체로 거른 뒤 거품을 내야 부드럽게 살살 녹는 찜이 된다. 이때 맛술을 조금 넣어 주면 새우젓과 달걀의 비린내를 없애 준다.

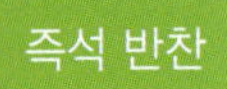

비엔나소시지볶음

새콤달콤하게 양념한 비엔나소시지

만드는 법

1. 비엔나소시지는 체에 담아 끓는 물을 끼얹어 기름기를 뺀 다음 물기를 제거하고 한쪽에 원하는 모양으로 칼집을 넣어 준다.

2. 피망은 반 갈라서 씨를 빼고 2×3cm 크기로 썰고, 양파도 비슷한 크기로 썬다.

3. 달군 팬에 식용유를 두르고 비엔나소시지와 피망, 양파를 살짝 볶는다.

4. 물 2큰술에 나머지 조림장 재료를 넣고 가볍게 끓인 후 불을 약하게 줄여서 걸쭉하게 농도가 생길 정도로 끓인다.

5. 4의 조림장에 비엔나소시지를 넣고 조리다가 어느 정도 익으면 피망과 양파를 넣고 조림장이 거의 졸면 마무리한다.

재료

주재료

비엔나소시지 200g

부재료

피망 1/2개, 양파 1/2개, 식용유 약간

조림장

물 2큰술, 케첩 3큰술, 우스터소스 2작은술, 다진 마늘 1/2큰술, 흑설탕 1.5큰술, 소금과 후춧가루 약간씩

코멘트

• 우스터소스(Worcester sauce) : 양파, 마늘, 사과, 토마토 등에 조미료, 향신료를 넣어서 만든 소스로 달고 새콤한 맛이 나며 육류, 생선 요리에 잘 어울린다.

• 양념장에 케첩과 우스터소스를 섞어 넣으면 맵지 않고 새콤달콤하여 아이들이 특히 좋아하는 반찬도 되고 맥주 안주로도 그만이다.

케첩만을 사용하여 손쉽게 조림할 때는?

재료 • 비엔나소시지 12개, 양파 1/3개, 피망 1/2개

양념 • 설탕 2작은술, 간장 1큰술, 케첩 2큰술, 물엿 2작은술

햄양송이볶음

카레가루를 넣어 풍미를 살린 햄양송이볶음

맛	식감	보관 기간	한줄 정보
고소하다.	부들부들, 쫄깃쫄깃하다.	2~3일	햄과 양송이의 조화가 좋다.

만드는 법

1. 햄은 먹기 좋은 크기로 납작하게 썰어 체에 놓고 끓는 물을 부어서 기름기를 제거한다.

2. 양송이버섯은 모양대로 도톰하게 썬다.

3. 양파는 굵직하게 채를 썬다.

4. 볼에 카레가루와 간장을 붓고 잘 풀어 카레 소스를 만든다.

5. 달군 팬에 식용유를 두르고 다진 마늘을 볶아 향을 내 주고 햄을 볶는다.

   Point 마늘 향을 먼저 내서 햄을 볶아 주어야 햄의 냄새를 줄일 수 있다.

6. 5에 양송이버섯과 양파를 넣어서 같이 살짝 볶다가 소금을 넣어 간을 맞춘다.

7. 양송이버섯의 숨이 살짝 죽으면 카레 소스를 넣고 가볍게 볶아 마무리한다.

재료

주재료
햄 100g, 양송이버섯 50g

부재료
양파 1/4개, 식용유

양념
다진 마늘 약간, 소금 약간

카레 소스
카레가루 1/2작은술, 간장 1.5작은술

코멘트
- 모든 재료를 한꺼번에 팬에 넣고 볶으면 내용물이 균일하게 익지 않을 수 있으니 익는 시간이 오래 걸리는 재료부터 순서대로 볶는다.
- 양송이버섯은 겉껍질만 가볍게 벗겨 낸다.

실파김무침

데쳐 낸 실파와 구운 파래 김을 섞어 무친 나물

만드는 법

1. 실파는 깨끗이 다듬어 끓는 소금물에 흰머리 줄기부터 넣어 파란 잎 부분까지 살짝 익혀 낸 다음 찬물에 헹궈 물기를 꼭 짠다.

2. 데쳐 낸 실파는 가지런히 도마에 놓고 4~5cm 길이로 자르고, 홍고추는 반 갈라 씨를 털어 낸 후 입자 있게 다진다.

3. 파래 김은 달군 프라이팬에서 기름 없이 굽는다.

4. 구운 파래 김을 위생봉지에 넣고 잘게 부숴 둔다.

5. 볼에 멸치 또는 까나리 액젓 2작은술, 맛술 2작은술, 꿀 약간, 참기름 1큰술, 깨소금 1큰술을 넣어 양념장을 만든다.

6. 넓은 그릇에 실파, 홍고추, 구운 파래 김, 통깨, 양념장을 넣어 조물조물 무쳐 마무리한다.

재료

주재료

실파 300g, 파래 김 10g

부재료

소금 약간, 홍고추 1개, 통깨 약간

양념장

멸치 또는 까나리 액젓 2작은술, 맛술 2작은술, 꿀 약간, 참기름 1큰술, 깨소금 1큰술

코멘트

파의 미끈거리는 성분을 없애려면?
파를 데친 후 도마에 가지런히 놓고 나무젓가락으로 줄기부터 잎까지 힘 있게 눌러 가며 밀어 주면 된다.

실파 보관법
단으로 구입했을 때 남은 실파는 뿌리를 다듬은 후 두어 달 지난 신문지에 돌돌 말아 냉장고 채소실에 보관한다.

새우버섯채소볶음

새우와 갖은 채소, 마늘 플레이크로 새롭게 만든 반찬

만드는 법

1. 새우는 소금을 약간 넣은 물에서 가볍게 씻어 낸 다음 청주와 흰 후춧가루를 약간 뿌려 준다.

2. 불린 표고버섯은 납작하게 저미고, 새송이버섯은 새우에 맞춰 도톰하게 썰어 둔다.

3. 청·홍피망과 당근은 직사각형으로 납작하게 썬다.

4. 달군 팬에 식용유를 두르고 새우를 살짝 볶다가 당근, 표고버섯, 새송이버섯, 청·홍피망순으로 넣고 볶으면서 흰 후춧가루와 맛소금을 넣는다.

5. 마늘 플레이크는 다지고 흑임자와 파슬리가루를 혼합하여 고명을 준비한다.

6. 접시에 담고 고명을 뿌려 준다.

   Point 겨자초간장을 곁들여서 찍어 먹으면 맛이 훨씬 더 개운하다.

재료

주재료

칵테일 새우 20마리, 불린 표고버섯 50g, 새송이버섯 60g

부재료

소금 약간, 청·홍피망 1/2개, 당근 50g, 식용유

양념

청주 1큰술, 흰 후춧가루 약간, 맛소금 약간

고명

마늘 플레이크·흑임자·파슬리가루 약간씩

코멘트 **마늘 플레이크 만드는 법**
- 마늘을 편으로 썰어서 135℃로 예열한 오븐에 20분 정도 구운 후 채반에 널어서 6~7시간 정도 말린다.
- 마늘을 160℃ 정도의 기름에 넣어 연한 노란색이 나도록 튀겨 건진 후 기름기를 빼고 잘게 다진다.

단무지무침

봄날 피크닉에 빠지지 않는 감초 단무지무침

만드는 법

1. 단무지는 체에 밭쳐 흐르는 물에 가볍게 한번 씻어 키친타월에서 물기를 빼 준다.

2. 단무지는 길이대로 0.2cm 굵기로 가늘게 썬다.

3. 실파는 송송 썬다.

4. 단무지는 식초와 설탕에 새콤달콤하게 약 20분간 절인다. 다 절여지면 건져서 물기를 꼭 짠다.

5. 단무지를 볼에 넣고 실파, 참기름, 흑임자를 넣어 섞는다.

재료

주재료
단무지 5cm 1토막(150g)

부재료
실파 약간, 참기름 약간, 흑임자 1작은술

단무지 절임 양념
식초 2작은술, 설탕 1작은술

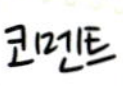
코멘트
- 단무지는 기본적으로 맛이 되어 있기 때문에 손이 많이 안 가도 맛이 좋은 밑반찬이다. 무쳐 놓은 단무지를 다져서 주먹밥이나 유부초밥에 간편하게 넣어 주면 색도, 맛도 좋아진다.
- 어른이 먹으려면 취향에 따라 양념에 고춧가루나 청양고추를 넣어 약간 매콤하게 무칠 수도 있다.

새송이버섯구이

만드는 법

1. 새송이버섯은 모양을 살려서 도톰하게 썬다.

   Point 버섯은 수분이 많으므로 도톰하게 썰어야 구웠을 때 먹음직스럽다.

2. 홍고추는 씨를 빼고 곱게 다진다.

3. 호두는 마른 팬에서 살짝 구워 준다.

4. 볶은 굵은 소금은 커터기에 갈고, 호두와 잣은 키친타월을 깔고 입자 있게 다져 준다. 대추는 곱게 다진다.

5. 볼에 견과류 소금장 재료를 넣고 고루 섞어 준다.

6. 달군 팬에 참기름과 식용유를 두르고 새송이버섯을 앞뒤로 굽는다.

7. 구운 새송이버섯에 꿀을 살짝 바르고 견과류 소금장을 가볍게 솔솔 뿌려 준다.

재료

주재료

새송이버섯 4개(400g)

부재료

참기름 1큰술, 식용유 2큰술, 꿀 약간

견과류 소금장

홍고추 1/2개, 호두 1알, 볶은 굵은 소금 1큰술, 잣 1큰술, 대추 2개, 맛소금 약간, 흑임자 1작은술, 통깨 1작은술, 파래가루 · 후춧가루 약간씩

코멘트 · 와인이나 과일주에 잘 어울리는 술안주로, 노인이나 아동의 영양식으로도 좋은 음식이다.

견과류 소금장

좋아하는 견과류를 다져서 소금과 깨 등을 넣어 만든 것으로 밋밋한 채소무침이나 담백한 흰살생선, 고기구이에 사용하면 색 재료 본연의 맛을 살려 주어 뒷맛이 깔끔하다. 만들어서 냉동실에 보관하고 필요할 때마다 사용하면 편리하다.

표고버섯볶음

고기처럼 쫄깃쫄깃한 표고버섯볶음

만드는 법

1. 마른 표고버섯을 미지근한 물에 담가 부드럽게 불린 후 물기를 꼭 짠다.

2. 불린 표고버섯은 칼을 뉘어 포 뜨듯이 썬 후에 채를 썬다.

3. 홍고추는 반 갈라 씨를 털어 낸 후 가늘게 채 썬다.

4. 볼에 분량의 재료를 넣고 양념장을 만들어 표고버섯을 양념하여 약 20분 정도 재운다.

5. 달군 팬에 들기름과 식용유를 두르고 양념한 표고버섯과 홍고추를 넣어 약한 불에서 은근히 볶는다.

6. 통깨를 뿌려 마무리한다.

주재료

마른 표고버섯 50g

부재료

홍고추 1/2개, 들기름 2작은술, 식용유 1큰술, 통깨 약간

양념장

간장 1.5큰술, 맛술 1.5큰술, 꿀 2작은술, 다진 파 1큰술, 다진 마늘 1/2작은술, 후춧가루 약간, 다시마 물 2큰술, 참기름 약간

코멘트

- 비타민 D와 식이 섬유가 풍부한 마른 표고버섯은 골다공증과 고지질 혈증 같은 성인병 예방에 좋은 식재료다.

생표고버섯으로 볶음을 하려면?
물수건으로 버섯의 겉면을 닦아 주고 납작하게 썬 후 끓는 물에서 데쳐 내 물기를 꼭 짠 다음 볶아 주어야 쫄깃한 식감이 난다.
양념은 들깨가루와 육수, 소금만으로 깔끔하게 볶을 수도 있다.

부추어묵잡채

꽃빵만 곁들이면 근사한 요리로 변신하는 부추어묵잡채

만드는 법

1. 부추는 아랫부분을 깨끗이 정리하고 물에 씻어서 체에 밭친 다음 5cm 길이로 자른다.

2. 어묵은 체에 밭쳐 뜨거운 물을 끼얹어 기름기를 제거하고 0.5×4cm 크기로 채를 썬다.

3. 홍고추는 씨를 털고 채를 썬다. 양파도 채를 썰고, 마늘은 편을 썬 다음 채를 썬다.

4. 양념장 재료를 잘 섞어 놓는다.

5. 달군 팬에 고추기름을 두르고 마늘채를 볶다가 어묵과 양파를 넣어 살짝 볶는다.

6. **5**에 홍고추와 양념장을 넣어 잠깐 볶다가 불을 끄고 부추와 참기름을 넣어 고루 섞는다.

   Point 부추는 열에 약해서 불을 끄고 뜨거운 열기만 가해 줘야 풍미와 모양을 살릴 수 있다. 단, 중국부추(호부추)를 사용할 경우에는 줄기가 굵으므로 살짝 볶아 준다.

재료

주재료

부추 50g, 어묵 1장

부재료

홍고추 1개, 양파 1/6개, 마늘 1쪽, 고추기름 1큰술, 참기름 1큰술,

양념장

청주 2큰술, 굴 소스 1큰술, 후춧가루 약간, 간장 약간

코멘트 ·손님이 올 경우나 별미를 즐기고 싶을 때, 냉동 꽃빵을 사서 김이 오르는 찜통에서 10~15분 정도 쪄서 부추어묵잡채를 곁들이면 한 끼 식사로도 가능하다.

청포묵무침

다이어트에 좋은 쫄깃하고 탱탱한 식감의 청포묵무침

<table>
<tr><td>맛</td><td>식감</td><td>보관 기간</td><td>한줄 정보</td></tr>
<tr><td>삼삼하다.</td><td>쫄깃쫄깃,
탱탱하다.</td><td>2일</td><td>차면 전자레인지에 살짝 돌린다.</td></tr>
</table>

만드는 법

1. 청포묵은 채를 썰어서 끓는 물에 넣고 투명하게 데쳐 체에서 물기를 충분히 빼고 식힌 후 소금과 참기름을 약간 뿌려 둔다.

   Point 묵이 투명해져야 식었을 때 쫄깃한 식감이 나고, 소금으로 밑간을 해 두어야 시간이 지나도 싱거워지지 않는다.

2. 달걀은 노른자와 흰자를 나누어 지단을 부쳐 가늘게 채 썰고, 불린 표고버섯은 가늘게 채 썰어 표고버섯 양념에 무쳐서 살짝 볶아 준다.

3. 숙주는 거두절미하고 살짝 데쳐서 물기를 받친다. 오이는 씨 부분을 제거하고 가늘게 채를 썰어 소금에 절인 다음 수분을 꼭 짜 준다.

4. 볼에 청포묵을 넣고 표고버섯, 숙주, 오이와 함께 간장 양념을 넣어 살살 버무린 후 달걀지단을 얹어 마무리한다.

재료

주재료

청포묵 1/2모

부재료

달걀 1개, 불린 표고버섯 1장, 숙주 20g, 오이 4cm 반 토막, 소금 약간

청포묵 밑간

소금 · 참기름 약간씩

표고버섯 양념

간장 · 설탕 · 참기름 · 깨 소금 · 식용유 · 소금 약간

간장 양념

간장 1큰술, 식초 1큰술, 설탕 약간, 맛술 1큰술

코멘트 **담백하고 고소한 청포묵무침 만드는 법**
썰어서 데쳐 낸 청포묵 1모에 참기름 1.5큰술, 맛소금 약간, 마른 김 2장(가루), 통깨를 넣어 무치는 것이다. 간단하지만 맵지 않고 고소해서 노인이나 어린아이가 좋아할 수 있는 반찬이다.

홍합날치알무침

마요네즈소스가 어우러진 홍합날치알무침

맛	식감	보관 기간	한줄 정보
고소하다.	톡톡 터지는 느낌이다.	2일	술안주 및 간식으로도 좋다.

만드는 법

1. 홍합살은 소금물에서 가볍게 헹궈서 체에 밭친 후 끓는 물에서 데쳐 낸다.

2. 데친 홍합살은 맛술과 후춧가루로 밑간을 해 준다.

3. 홍고추는 반 갈라서 씨를 털어 낸 후 곱게 다지고, 양파·당근·실파도 곱게 다진다.

4. 볼에 홍고추, 양파, 당근, 실파, 날치알 8큰술, 마요네즈 5큰술, 후춧가루를 넣고 골고루 섞어 양념장을 만든다.

5. 홍합살에 양념장을 섞어서 마무리한다.

   Point 모차렐라 치즈를 얹어서 200℃로 예열한 오븐에서 10분 정도 구워 주면 고소하고 쫄깃한 치즈와 어우러져 색다른 맛이 난다.

재료

주재료

홍합살 200g

부재료

소금 약간

홍합 밑간

맛술·후춧가루 약간씩

양념장

홍고추 1개, 양파 1/6개, 당근 1cm 1토막, 실파 3줄기, 날치알 8큰술, 마요네즈 5큰술, 후춧가루 약간

코멘트
- 홍합은 강원도에서는 섭이라고도 하는데 맛이 달면서 피부를 윤기 있고 매끄럽게 해 준다.
- 제철은 늦겨울에서 초봄이고, 5~9월에 채취한 홍합에는 삭시톡신(saxitoxin)이라는 독성분이 있으므로 주의한다.

꼬막무침

살이 쫄깃하고 통통한 꼬막무침

만드는 법

1. 꼬막은 굵은 소금을 넣고 껍데기가 서로 부딪히게 바락바락 주물러 씻는다.

2. 냄비에 물 6컵 정도와 소금을 약간 넣고 끓으면 꼬막을 넣어 입이 살짝 벌어질 때까지만 삶는다.

    **Point** 입이 완전히 벌어졌는데도 계속 삶으면 질겨지고 맛도 없어진다.

3. 삶은 꼬막을 건져 찬물에 가볍게 헹궈서 남아 있는 해감을 제거한다.

4. 다진 홍고추 1큰술, 다진 파 1큰술, 다진 마늘 1작은술, 간장 2큰술, 고춧가루 1/2작은술, 맛술 2작은술, 설탕 1작은술, 참기름 1큰술, 깨소금 1큰술, 통깨를 볼에 넣고 고루 섞어 양념장을 만든다.

5. 꼬막에 양념장을 조금씩 끼얹어 준다.

재료

주재료

꼬막 600g

부재료

굵은 소금 2큰술, 물 6컵, 소금 약간

양념장

다진 홍고추 1큰술, 다진 파 1큰술, 다진 마늘 1작은술, 간장 2큰술, 고춧가루 1/2작은술, 맛술 2작은술, 설탕 1작은술, 참기름 1큰술, 깨소금 1큰술, 통깨

코멘트 · 꼬막은 다른 조개와 달리 살이 통통해서 발라 먹는 맛이 쏠쏠하다. 봄기운이 충만한 달래나 냉이, 참나물을 꼬막과 버무리면 단백질과 비타민을 동시에 듬뿍 섭취할 수 있는 반찬이 된다.

마른멸치초회

매콤하고 새콤달콤한 양념장에 무친 마른멸치회

맛	식감	보관 기간	한줄 정보
새콤달콤, 매콤하다.	꾸들꾸들하다.	4~5일	술안주로 좋다.

만드는 법

1. 멸치는 머리와 내장을 제거하고 달군 팬에서 기름 없이 살짝 볶아 낸다. 볶는 과정에서 비린내가 없어지는데 너무 오래 볶으면 뻣뻣해져서 질감이 딱딱해지기 쉽다.

2. 청·홍고추는 각각 반을 갈라 씨를 털어 낸 후 가늘게 채 썰고, 마늘은 모양 그대로 납작하게 썬다.

3. 볼에 분량의 재료를 넣어 양념장을 만든다.
    **Point** 연겨자를 약간 넣어 주면 톡 쏘는 겨자 향이 매콤한 고추장과 조화를 이뤄 식욕을 느끼게 한다.

4. 먼저 멸치를 양념장에 넣고 골고루 무쳐 양념이 충분히 스며들게 한 다음 청·홍고추와 마늘을 넣어 가볍게 섞어 준다.

5. 참기름과 통깨로 마무리한다.

재료

주재료

중간 멸치 100g

부재료

청·홍고추 1개씩, 마늘 3쪽, 참기름·통깨 약간씩

양념장

고춧가루 1작은술, 고추장 2큰술, 다진 마늘 2작은술, 생강즙 1작은술, 식초 1.5큰술, 맛술 1작은술, 설탕 2작은술, 물엿 1작은술, 연겨자 약간

코멘트
- 멸치는 열량과 지방이 적고 칼슘이 풍부해서 다이어트를 할 때 칼슘 및 무기질을 보충할 수 있는 좋은 식품이다.
- 마른 멸치는 보통 조림으로만 만드는데 궁합이 잘 맞는 풋고추와 매콤한 양념으로 즉석 무침을 하면 밑반찬으로도, 술안주로도 손색이 없다.
- 멸치가 가장 맛있는 계절은 봄철로 생멸치회를 맛있게 먹고 싶다면 그 맛의 절정을 이루는 4~5월이 적절한 타이밍이다.

마늘된장무침

삶은 마늘을 된장 양념에 무친 즉석 반찬

만드는 법

1. 마늘은 끓는 소금물에서 2분 정도 삶은 다음 체에 건진다.

2. 홍고추는 반을 갈라 씨를 털어 낸 후 입자 있게 다진다.

3. 볼에 된장 1큰술, 맛술 1작은술, 물엿 2작은술을 넣어 된장 양념장을 만든다.

4. 달군 팬에 들기름을 두르고 마늘을 살짝 볶은 다음 된장 양념장에 무친다.

5. 통깨를 넣어 마무리한다.

재료

주재료

마늘 100g

부재료

홍고추 1/2개, 들기름 2작은술, 통깨 약간

소금물

물 2컵, 소금 1작은술

된장 양념장

된장 1큰술, 맛술 1작은술, 물엿 2작은술

코멘트 이렇게도 만든다.

- 마늘을 물에 삶는 방법 말고도 전자레인지에서 살캉거릴 정도로 익혀 주어도 된다. 다만 마늘을 너무 오래 익히면 아삭함을 줄 수 없으므로 익히는 데 주의가 필요하다.
- 식용유에 된장 양념장을 볶아서 마늘을 무쳐도 좋은데, 이렇게 하면 오래 보관할 수 있다.

부추달걀볶음

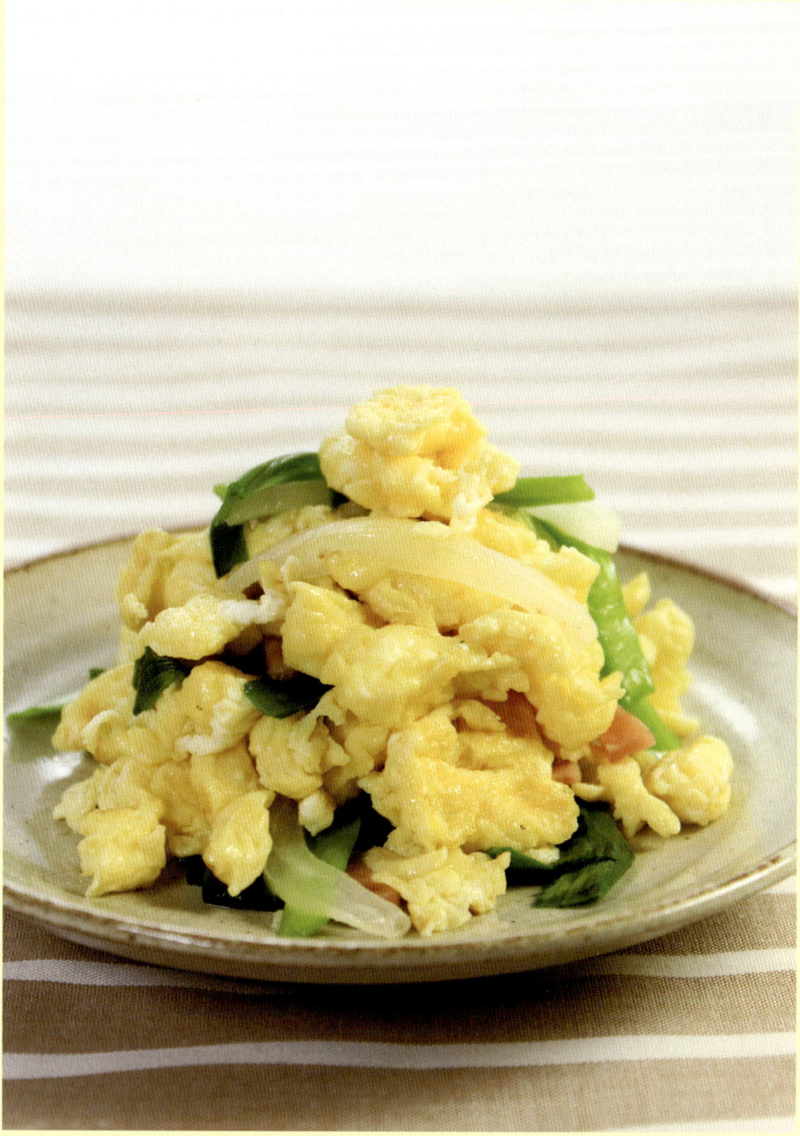

간단한 아침 식사로 가능한 부추달걀볶음

만드는 법

1. 볼에 달걀과 우유, 소금을 넣고 잘 풀어 준 다음 체에 밭친다.

2. 부추는 4~5cm 길이로 자른다.

3. 양파는 곱게 채를 썬다.

4. 달군 팬에 식용유를 두르고 **1**의 달걀물을 부어, 중간 불에서 스크램블드에그(scrambled eggs)를 만들 듯이 저어 준다.

5. 팬에 식용유를 두르고 양파를 볶다가 부추를 넣고 불을 끈 뒤 남은 열을 이용해 볶으면서 소금과 후춧가루로 간을 한다.

6. 달걀과 양파, 부추 볶은 것을 섞고 참기름을 넣어서 마무리한다.

재료

주재료

달걀 2개, 우유 4큰술, 부추 50g

부재료

양파 1/3개, 식용유

양념

소금 · 후춧가루 · 참기름 약간씩

코멘트 · 만들기도 쉽고 간단하지만 필요한 영양소가 골고루 함유된 식사 겸 반찬으로 노릇노릇하게 구운 토스트나 따뜻한 꽃빵과도 아주 잘 어울린다.

참치볶음고추장

아이들도 좋아하는 참치 캔으로 만든 볶음고추장

맛	식감	보관 기간	한줄 정보
매콤, 달콤하다.	부들부들, 촉촉하다.	4~5일	정말 만들기 쉽다.

만드는 법

1. 참치 살덩어리를 체에 밭쳐 기름을 뺀 다음 가볍게 부숴 준다.

2. 양파는 입자 있게 다진다.

3. 볼에 양념장 재료를 담아 골고루 잘 섞어 둔다.

4. 달군 팬에 식용유를 두르고 중간 불에서 양파를 먼저 볶다가 참치를 넣고 볶아 준다.

5. 양파가 절반 정도 익으면 혼합해 둔 양념장을 넣고 약한 불에서 국물이 걸쭉해질 때까지 4~5분 정도 더 볶아 준다.

6. 통깨를 넣어 마무리한다.

재료

주재료

참치 1캔(250g)

부재료

양파 1개, 식용유와 통깨 약간씩

양념장

고추장 1/2컵, 다진 마늘 1큰술, 다진 파 3큰술, 물 1/2컵, 맛술 2큰술, 간장 2큰술, 올리고당 2큰술, 후춧가루 약간, 식용유 1.5큰술

코멘트 · 아이들 위주의 볶음고추장을 만들려면 단맛을 약간 더 추가할 수도 있고 견과류를 다져 넣거나 콩가루를 3큰술 정도 넣어 주면 더욱 고소하다. 좀 더 매콤한 맛을 내려면 청양고추 2~3개 정도를 입자 있게 다져서 넣어 주면 좋다.

오징어초회

새콤달콤, 매콤하게 무친 탱탱한 오징어초회

맛
새콤달콤, 매콤하다.

식감
쫄깃쫄깃하다.

보관 기간
2일

한줄 정보
입맛이 없을 때 해 먹으면 좋다.

만드는 법

1. 오징어는 껍질을 벗겨서 몸통 안쪽에 가로세로로 칼집을 넣어 준 다음 길이로 3등분한 후 끓는 물에서 데쳐 내 식으면 한 입 크기로 썬다.

2. 오이는 길이로 반을 갈라 어슷하게 썬다.

3. 양파는 가늘게 채 썰고, 청·홍고추는 어슷하게 썬 후 씨를 털어 낸다. 미나리는 줄기만 5cm 길이로 썬다.

4. 오징어와 채소는 위생 타월로 물기를 닦아 낸다.
   Point 물기를 제거하지 않으면 나중에 물이 생기고 양념이 잘 배지 않는다.

5. 볼에 양념장 재료를 넣고 고루 섞는다.

6. 오징어에 양념장을 넣고 무친 후에 채소를 넣어 가볍게 버무린다.

재료

주재료
오징어 1마리

부재료
오이 1/2개, 양파 1/4개, 청·홍고추 1/2개, 미나리 3줄기

양념장
고추장 2큰술, 고운 고춧가루 1큰술, 식초 3큰술, 설탕 1.5큰술, 올리고당 1/2작은술, 소금 약간, 다진 마늘 1작은술, 맛술 1/2큰술, 참기름·통깨 약간씩

코멘트 싱싱한 횟감의 오징어를 만났다면 물회로!
재료 · 오징어 1마리, 오이 1/4개, 배 1/4개, 당근 약간, 무순
양념장 · 고추장 1.5큰술, 고운 고춧가루 3큰술, 사이다 3큰술, 올리고당 1.5큰술, 식초 1.5큰술, 깨소금 2작은술, 참기름 2작은술, 다진 마늘 1큰술, 설탕 1.5작은술, 간장 1.5작은술, 연겨자 1.5작은술, 맛술 1작은술, 소금 약간, 레몬즙 3큰술, 다시마물 2컵
만드는 법 · 모든 재료는 채를 썰고, 양념장은 미리 만들어 차게 준비해 놓고 먹을 때 부어서 먹는다.

돼지머리편육채소무침

돼지머리편육과 새우젓의 환상적인 만남

만드는 법

1. 돼지머리편육은 먹기 좋게 썰어서 준비한다.

2. 녹색 채소와 양상추는 썰어서 찬물에 담갔다가 건진다.

3. 영양 부추는 4~5cm 길이로 자른다.

4. 양파는 가늘게 채를 썰고, 홍고추는 반 갈라서 씨를 털어 내고 채를 썬다.

5. 볼에 새우젓 2큰술, 맛술 1큰술, 양파 간 것 1큰술, 다진 마늘 1큰술, 고춧가루 2큰술을 넣고 고루 섞어 양념장을 만든다.

6. 볼에 녹색 채소와 양상추, 영양 부추, 양파, 홍고추를 넣고 양념장으로 가볍게 버무린다.

7. 접시에 돼지머리편육을 담고 위에 채소를 올린 뒤 통깨를 뿌려 마무리한다.

재료

주재료

돼지머리편육 200g, 녹색 채소 150g(치커리, 비타민, 쑥갓), 양상추 2장, 영양 부추 5줄기

부재료

양파 1/4개, 홍고추 1개, 통깨 약간

양념장

새우젓 2큰술, 맛술 1큰술, 양파 간 것 1큰술, 다진 마늘 1큰술, 고춧가루 2큰술

코멘트 **돼지머리편육 보관법**

돼지머리편육은 만든 지 이틀 정도 냉장고에서 지난 것이 육질이 가장 좋다. 보통 냉장고에서 보관할 때는 3일 정도 보관이 가능하고, 냉동 보관할 때는 랩으로 꼼꼼히 포장해서 위생 팩에 넣으면 한 달 정도 보관할 수 있다.

브로콜리새우볶음

브로콜리와 분홍 새우를 함께 볶아 고급스러운 반찬

맛
삼삼하다.

식감
아삭아삭,
말캉말캉하다.

보관 기간
2일

한줄 정보
조리 시간이 짧고 만들기 쉽다.

만드는 법

1. 브로콜리는 송이를 떼어 줄기를 잘라 먹기 좋게 썬 다음 굵은 소금을 넣은 넉넉한 물에서 푸른색이 선명해지도록 데쳐 낸다.

2. 분홍 새우는 청주가 들어간 끓는 물에 넣었다가 바로 건지는 정도로 데친다.

    끓는 물에서 데쳐 주면 잡냄새가 없어지고 소독도 된다.

3. 홍고추는 링으로 잘게 썰어 준다.

4. 달군 팬에 식용유를 두르고 분홍 새우를 넣어 볶다가 생강즙을 넣는다.

5. 4에 브로콜리를 넣고 센 불에서 재빨리 볶는다.

6. 홍고추와 소금, 참기름을 넣고 마무리한다.

재료

주재료

브로콜리 200g, 분홍 새우 100g

부재료

굵은 소금 0.5큰술, 청주 1작은술, 홍고추 1개, 식용유 2큰술

양념

생강즙 · 소금 · 참기름 약간씩

코멘트
- 브로콜리는 살짝 데쳐야 씹는 맛과 색이 좋다.
- 새우는 편리하게 칵테일 새우를 사용해도 좋고, 껍질이 벗겨진 자잘한 새우를 사용해도 좋다.

죽순볶음

쫄깃하고 아삭한 죽순볶음

만드는 법

1. 죽순은 캔에서 꺼내 뜨거운 물에 데쳐 낸 다음 찬물에 헹군다.

2. 죽순의 모양을 잘 살려서 썰어 준다.

3. 마늘은 납작하게 썰고, 오이와 노랑 파프리카, 홍고추는 씨 부분을 제거하고 굵게 채를 썬다.

4. 표고버섯도 채를 썬 다음 물기를 짜고 간장, 설탕, 참기름, 후춧가루로 밑간해 둔다.

5. 달군 팬에 식용유를 두르고 마늘을 볶는다.

6. 5에 죽순과 표고버섯, 참기름을 넣고 충분히 볶다가 오이, 노랑 파프리카, 홍고추를 넣고 굴 소스와 소금, 흰 후춧가루를 넣어 살짝 볶아서 마무리한다.

재료

주재료

죽순 1캔

부재료

마늘 2쪽, 오이 1/2개, 노랑 파프리카 1/2개, 홍고추 1개, 불린 표고버섯 3장, 식용유 1큰술

표고버섯 밑간

간장 · 설탕 · 참기름 · 후춧가루 약간씩

양념

참기름 1큰술, 굴 소스 2작은술, 소금 · 흰 후춧가루 약간씩

코멘트 · 죽순 사이사이에는 석회질이라는 흰 이물질이 들어 있는데 익혀도 없어지지 않으므로 이쑤시개로 빼 준다.

마늘종새우볶음

맛과 색은 물론 영양도 좋은 마늘종새우볶음

만드는 법

1. 마늘종은 적당히 썰어 끓는 소금물에서 데쳐 낸 다음 찬물에서 헹군다.

2. 마른 팬에 마른 새우를 넣고 약한 불에서 가볍게 볶아서 채반에서 비벼 잔가루를 털어 준다.

3. 볼에 양념장 재료를 넣고 고루 섞어 준비한다.

4. 달군 팬에 식용유를 두르고 마늘종과 새우를 넣고 볶다가 양념장을 넣어 빠르게 볶아서 마무리한다.

재료

주재료

마늘종 반 단, 마른 새우 50g

부재료

소금 약간, 식용유

소금물

소금 1.5작은술, 물 5컵

양념장

간장 2큰술, 설탕 1작은술, 올리고당 2작은술, 참기름 0.5큰술, 통깨 1큰술, 소금 약간, 식용유 1큰술

코멘트
- 마지막에 양념장을 넣고 재빨리 볶아야 맛이 골고루 스며든다.
- 매콤한 맛으로 하려면 마른 고추를 잘게 잘라서 같이 넣고 볶아 준다.
- 마늘종과 중간 멸치를 넣고 볶아도 맛이 있다.
- 마른 새우 중 꽃새우는 맛도 구수하고 색이 예뻐서 좋다.

미역줄기초고추장무침

볶은 미역 줄기를 초고추장에 무쳐 먹는 색다른 별미

맛	식감	보관 기간	한줄 정보
새콤달콤, 매콤하다.	쫄깃쫄깃하다.	2~3일	저렴한 가격으로 맛있게 해 먹을 수 있는 반찬이다.

만드는 법

1. 염장한 미역 줄기는 바락바락 씻어서 찬물에 30분 정도 담가 짠맛을 빼 준다.

   Point 물속에 너무 오래 담가 두면 감칠맛이 다 빠지므로 주의한다.

2. 미역 줄기는 5~6cm로 썰어 주고, 당근도 같은 크기로 썬다.

3. 달군 팬에 식용유를 두르고 미역 줄기를 볶다가 맛술과 물을 넣고 뚜껑을 덮어 뜸 들이듯 익힌다. 당근은 팬에 살짝 볶는다.

4. 볼에 초고추장 재료를 넣고 고루 섞어 준다.

   Point 초고추장에 다진 마늘과 다진 생강을 넣어 주면 훨씬 더 개운한 맛이 난다.

5. 볶은 미역 줄기와 당근이 식으면 초고추장으로 조물조물 무친 후 통깨를 뿌려 마무리한다.

재료

주재료

염장한 미역 줄기 500g

부재료

당근 4cm 1토막, 식용유 2큰술, 맛술 2큰술, 물 4큰술, 통깨 약간

초고추장

고춧가루 1큰술, 다진 마늘 1큰술, 고추장·식초·설탕 2큰술씩, 소금 1작은술, 생강즙 약간

코멘트
- 미역 줄기는 염장한 것으로 마르지 않고 탱탱한 것이 좋다.
- 미역 줄기를 꼬들꼬들하게 무치려면 식초와 설탕으로 밑간을 해서 재워 뒀다가 사용한다.

무짠지양파무침

고추기름이 들어가 고소한 무짠지양파무침

맛
매콤, 짭짤하다.

식감
아작아작하다.

보관 기간
4~5일

한줄 정보
중국식 밑반찬 자차이 같다.

만드는 법

1. 무짠지는 가늘게 채를 썰어 물에 담가 짠맛을 빼 준 다음 물기를 꼭 짜 둔다.

2. 양파는 곱게 채를 썰어 물에 담가 매운맛이 빠지면 체에 건져 물기를 뺀다.

3. 홍고추는 반 갈라 씨를 턴 후 채를 썬다.

4. 넓은 볼에 채 썬 무짠지와 채 썬 홍고추를 담고 고추기름을 넣어서 조물조물 무친다.

5. 4에 채 썬 양파와 식초, 설탕을 넣고 버무린 후 맛을 보아 간이 부족하면 소금으로 조절한다.

재료

주재료

무짠지 200g, 양파 100g

부재료

홍고추 1/2개

양념

고추기름 2큰술, 식초 1큰술, 설탕 1큰술, 소금 2/3 작은술

코멘트
- 양파의 아삭아삭한 식감과 짠지의 꼬들꼬들한 질감을 살리는 것이 평범한 짠지의 맛을 살리는 요령이다.
- 무짠지를 물엿에 담가 두면 짠맛도 빠지고 꼬들꼬들하며 보관 기간도 길어진다.

가지양념볶음

맛난 양념장 옷을 입은 윤기 흐르는 가지볶음

만드는 법

1. 가지는 반으로 갈라서 도톰하게 어슷썰어 준다.

2. 홍고추는 모양 그대로 원형으로 썰어 준다.

3. 볼에 양념장 재료를 넣고 고루 섞어 준다.

4. 달군 팬에 식용유를 두르고 가지를 볶다가 식용유가 부족해지면 물 2큰술을 넣어서 부드러워질 때까지 볶아 준다. 마지막에 소금 약간과 홍고추를 넣어 마무리한다.

5. 접시에 담고 양념장을 고루 뿌려 준다.

재료

주재료

가지 2개

부재료

홍고추 1개, 식용유 2큰술, 물 2큰술, 소금 약간

양념장

간장 2큰술, 올리고당 1큰술, 마늘 1.5작은술, 다진 파 1큰술, 맛술 2작은술, 깨소금 0.5큰술

코멘트
- 가지는 스펀지처럼 식용유를 흡수하므로 볶을 때 물을 첨가하여 볶아야 느끼하지 않고 부드럽다.
- 가지를 프라이팬에 구워서 양념장을 뿌려 주면 맛이 담백하다.

재료· 가지 2개

양념장· 간장 2큰술, 맛술 1큰술, 올리고당 1/2큰술, 다진 파 1큰술, 통깨 2작은술, 참기름 1큰술

별미 반찬

소갈비찜·매운대하찜·삼치간장조림·김치제육보쌈찜·팽이버섯베이컨말이·통오징어양념구이·편육통구이·너비아니구이·돼지목살통후추구이·꽁치양념구이·견과류육전·코다리찜·육회·매콤한채소닭찜·말린도토리묵채소볶음·패주견과류채소무침·골뱅이무침·제육불고기·갈치무조림·대구된장마요네즈구이·낙지볶음·부세조림·고등어시래기찜·잡채·불고기·LA갈비구이·안동찜닭·춘천닭갈비·우엉잡채

살다 보면 소중한 사람과 한껏 분위기를 내고 싶을 때도 있고, 부모님이나 가족들의 생일상을 특별히 차려 주고 싶을 때도 있다.

평범한 식재료에 나만의 정갈한 손맛과 멋을 담아 색다르게 만드는 센스를 발휘해 보자.

음식 맛을 마무리하는 양념 사용법과 홈메이드 조미 가루를 소개해 본다.

☀ 음식의 맛을 결정하는 염분의 사용법

같은 음식이라도 염분의 종류를 구분해서 사용하거나 섞어서 사용해야 깊고 자연스러운 맛을 낼 수 있다.

1. 국이나 찌개를 만들 때는 굵은 소금으로 주된 간을 하고 액젓이나 청장, 참치 진액을 조금 넣어 준다.

굵은 소금은 개운하고 깔끔한 맛을 내고, 액젓이나 참치 진액은 감칠맛을 보충해 준다.

소금만으로 간을 하면 뒷맛이 쓰므로 청장과 섞어 쓰는 것이 좋다.

단, 미역국은 소금을 넣지 않고 청장과 액젓만으로 간을 한다.

2. 김치 양념을 만들 때

김치의 주재료를 절일 때는 간수가 충분히 빠진 보송보송한 굵은 소금(호렴)을 사용해야 뒷맛이 쓰지 않고 자연의 고소하고 깊은 맛이 난다.

소금과 젓갈은 양념을 만들 때 섞어 쓰는데 간은 약하지만 감칠맛과 깔끔한 맛을 낸다.

☀ 홈메이드 조미 가루

들깨 조미 가루

- **재료** 거피 들깨가루 200g, 볶은 소금 500g

- **만드는 방법** 거피 들깨가루와 소금을 분쇄기에 넣고 곱게 갈아 준다.

- **쓰임새** 들깨는 독특한 향과 고소한 맛이 나며 변비 예방이나 피부에도 좋고 비린내나 누린내를 잡아 준다. 또한 채소의 독을 해독하는 능력이 탁월하므로 추어탕이나 보신탕, 나물무침에 사용한다.

찹쌀 조미 가루

- **재료** 찹쌀가루 200g, 간장 1작은술, 볶은 소금 1큰술, 유기농 설탕 2작은술

- **만드는 방법**
  ❶ 찹쌀가루에 간장을 넣고 골고루 비벼 준다.
  ❷ 찹쌀가루와 소금, 설탕을 분쇄기에 넣고 곱게 간 다음 냉동실에 보관하며 사용한다.

- **쓰임새** 걸쭉한 전골을 끓일 때나 국물이 자작한 나물을 볶을 때, 전을 부칠 때 사용한다.

견과류 조미 가루

- **재료** 볶은 소금 50g, 마른 고추 2개, 호두 30g, 잣 30g, 대추(씨를 제외한 부분) 30g, 흑임자 10g, 통깨 20g, 파래가루 5g, 후춧가루 3g

- **만드는 방법**
  ❶ 소금과 마른 고추를 분쇄기에 넣고 곱게 갈아 준다.
  ❷ 호두와 잣, 대추, 흑임자, 통깨는 커터기에 넣고 입자 있게 갈아 준다.
  ❸ 재료를 모두 섞어 준다.

- **쓰임새** 고기구이나 버섯구이, 나물무침에 넣어 주면 색도 화사하며 맛도 좋고 영양적으로도 균형이 맞는다.

솔잎 조미 가루

- **재료** 솔잎가루 30g, 볶은 소금 100g

- **만드는 방법** 솔잎가루와 볶은 소금을 분쇄기에 넣고 곱게 갈아 준다.

- **쓰임새** 솔잎은 향기와 맛이 좋고 피를 맑게 하며 비린내와 누린내를 잡아 주므로 생선구이나 조림, 육류 요리에 사용하면 좋다.

소갈비찜

보양 일품 요리 소갈비찜

만드는 법

1. 소갈비는 칼집을 넣어 찬물에 담가 뒀다가 끓는 물에서 데쳐 낸다.

   Point 데칠 때 물에서 거품을 제거해 준다.

2. 냄비에 소갈비가 잠길 정도의 물과 애벌 끓임 양념을 넣고, 물이 끓으면 소갈비를 넣어 중간 불에서 30분 정도 익힌다.

3. 소갈비를 건져서 냄비에 담고 육수는 체에 받쳐서 3컵을 준비한다.

4. 분량의 재료를 잘 섞어 양념장을 만든다.

5. 소갈비에 육수 2컵과 양념장 2컵을 넣고 중간 불에서 약한 불로 20분 정도 끓인다.

6. 국물이 줄어들면서 간이 배면 남은 육수 1컵과 양념장 1컵을 넣고 밤과 대추, 볶은 은행을 넣어 끓이면서 마무리한다.

재료

주재료 및 부재료

소갈비 1kg, 밤 5개, 대추 5개, 볶은 은행 8개, 육수 3컵(담백하게 하려면 육수 1.5컵과 물 1.5컵을 섞어서 사용), 갈비찜 양념장 600ml(3컵)

소갈비 애벌 끓임 양념

통후추 1작은술, 월계수잎 1장, 양파 1/4개, 마른 고추 2개, 마늘 다진 것 1큰술, 대파잎 1대, 간장 1큰술, 맛술 · 소주 각 1큰술씩

양념장

양파(중) 1/3개, 배(대) 1/3개, 간장 4큰술, 맛술 · 소주 2큰술씩, 꿀 3큰술, 설탕 1작은술, 후춧가루 2/3작은술, 참기름 3큰술, 마늘 2큰술, 생강즙 1작은술

- 갈비는 찬물에 하룻밤 담갔다가 핏물을 완전히 뺀 후 끓는 물에 데쳐 내고, 삶을 때는 향신 채소인 대파잎, 양파, 월계수잎과 통후추, 통마늘, 배 껍질 등을 넣어 주면 맛이 깔끔하고 누린내가 제거된다.
- 시간적인 여유가 있을 때는 애벌 끓인 소갈비를 양념장에 서너 시간 재웠다가 사용하면 깊은 소갈비 맛을 낼 수 있다.

매운대하찜

제철 새우로 얼큰하게 만든 명품 대하찜

만드는 법

1. 대하를 깨끗이 씻은 후 수염과 긴 다리는 가위로 정리해 주고 꼬치로 내장을 뺀다. 꼬치를 대하 꼬리에서부터 머리까지 쭉 밀어넣어 일자 모양으로 만든다.

   Point 꼬치를 넣으면 대하가 익으면서 휘어지지 않는다.

2. 양파, 대파, 청·홍고추는 채를 썰고, 팽이버섯은 굵직하게 뜯어 놓는다.

3. 볼에 분량의 재료를 넣고 섞어 양념장을 만든다.

4. 우묵한 전골냄비에 고추기름을 넣고 대하와 양념장을 넣어 볶다가 물 2.5컵을 넣고 윤기가 날 때까지 끓여 준다.

5. 대하가 익고 양념이 졸아들면 물녹말을 넣고, 걸쭉해지면 양파와 대파, 청·홍고추, 팽이버섯을 넣어 살짝 익혀 준다.

6. 참기름과 통깨를 넣어 마무리한다.

재료

주재료

대하 10마리

부재료

양파 1/2개, 대파 2뿌리, 청·홍고추 1개씩, 팽이버섯 1/2봉지, 고추기름 약간, 물 2.5컵, 물녹말 적당히, 참기름, 통깨

양념장

참기름 1/2컵, 고춧가루 8큰술, 올리고당 3큰술, 다진 마늘 1큰술, 다진 생강 1작은술, 청주 2큰술, 맛술 2큰술, 소금 2작은술, 진간장 2큰술

코멘트

• 가을은 새우와 게를 마음껏 먹을 수 있는 계절이다. 대하는 살이 꽉 차고 달며 껍질도 연하고 부드러워서 껍질째 먹어도 부담이 없다.

• 대하는 소금구이로 해서 먹어도 좋지만 팽이버섯과 함께 얼큰하게 매운 대하찜을 해서 먹어도 별미다. 부재료로 콩나물을 찜통에 쪄서 대하와 같이 찜을 해도 좋다.

삼치간장조림

부드러운 삼치살과 달콤·짭조름한 양념과의 만남

만드는 법

1. 삼치는 반 갈라 뼈를 발라내고 먹기 좋은 크기로 토막 낸 뒤 소금과 후춧가루로 밑간을 한다.

2. 생강은 곱게 채를 썬 후 물에 담갔다가 체에 밭쳐 둔다. 마늘은 납작하게 저민다.

3. 밑간을 한 삼치는 키친타월에서 수분을 없애고 녹 말가루를 입힌 다음 달군 팬에 식용유를 넉넉히 두르고 앞뒤로 노릇노릇하게 구워 낸다.

4. 우묵한 프라이팬에 양념 재료와 마늘을 넣고 서서 히 끓이다가 양념이 2/3 정도로 줄어들면 삼치를 넣어 윤기 있게 조린다.

5. 삼치에 간이 배고 양념이 3큰술 정도 남으면 생강 채와 함께 접시에 담아서 마무리한다.

   Point 통후추를 갈아서 살짝 뿌려 주면 통후추 향과 생 강 향이 조화로운 맛을 낸다.

재료

주재료

삼치 1마리

부재료

생강 30g, 통마늘 3쪽, 녹 말가루 적당히, 식용유

삼치 밑간

소금 · 후춧가루 약간씩

양념

간장 2.5큰술, 올리고당 2 큰술, 청주 · 맛술 · 설탕 1 큰술씩, 마른 고추 1개, 생 강즙 1/2큰술, 물 1/2컵

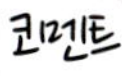

- 등푸른생선인 삼치에는 태아의 두뇌 발달을 돕고 노인의 치매 예방에 효과적인 DHA가 풍부하다. 늦가을부터 겨우내 가장 맛있는 생선으로 비린내가 적고 살이 희 고 부드러워 노인이나 아이가 먹기 좋은 생선이다.
- 간장 양념을 만들 때 단맛을 줄이고 유자 건더기와 청을 함께 넣어 주면 유자 향이 생선 냄새를 줄여 주면서 삼치에 부족한 비타민도 보충해 주어서 좋다.
- 시간이 부족할 때는 구이를 해서 와사비간장에 찍어 먹는 것도 또다른 별미다.

김치제육보쌈찜

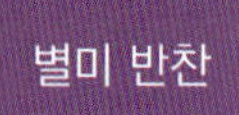

평범한 김치의 색다른 변신

만드는 법

1. 배추김치는 아랫부분을 자르고 속을 가볍게 털어 낸 뒤 맛술과 들기름으로 전처리한다.

   Point 겨우내 저장한 김장 김치라야 제맛이 난다.

2. 양파는 얇게 썰고, 대파는 어슷하게 썬다.

3. 두부는 김치로 쌀 수 있게 적당한 크기로 썬다.

4. 돼지 목심에 분량의 재료를 넣어 전처리한다.

5. 밑간한 돼지고기와 두부를 배추김치에 넣고 돌돌 말아 준다.

6. 냄비에 양파와 양념 재료를 넣고 끓여 준다.

7. 6의 양파와 양념이 끓으면 불을 줄이고 김치에 말아 놓은 돼지고기와 두부를 넣고 조리다가 찹쌀가루 물과 들깨가루를 넣어 농도를 맞춘다.

8. 대파를 넣고 잠깐 더 끓여 마무리한다.

재료

주재료

배추김치 반 포기, 돼지 목심 150g, 두부 1/2모

부재료

양파 1/4개, 대파 1대, 찹쌀가루 물 1큰술(물과 찹쌀가루를 1:1로 섞은 것), 들깨가루 1큰술

김치 전처리

맛술 1큰술, 들기름 1큰술

돼지 목심 전처리

다진 마늘 1큰술, 다진 생강 약간, 소금 약간, 청주 1큰술, 후춧가루 약간, 참기름 약간

양념

다시마멸치육수 1컵, 김칫국물 1컵, 맛술 2작은술, 고춧가루 1큰술, 간장 1큰술

코멘트

- 김치말이찜은 돼지고기뿐 아니라 고등어나 간편하게는 생선 통조림을 넣어서 만들 수도 있다.
- 밑간한 돼지고기를 조미한 김치에 돌돌 말아서 국물이 자작한 찜으로 만들면 보기에도 정성스럽고 맛도 칼칼해서 손님상 차림에 부족함이 없는 일품요리가 된다.
- 양념장이 끓을 때 찹쌀가루 물과 들깨가루를 넣어 주면 매끄럽고 구수해서 입에 착착 감긴다.

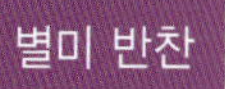

팽이버섯베이컨말이

팽이버섯을 베이컨으로 감싸 된장을 가미한 요리

맛	식감	보관 기간	한줄 정보
고소하다.	쫄깃쫄깃하다.	1일	해서 바로 먹어야 맛있다.

만드는 법

1. 팽이버섯은 아랫부분을 자르고 4등분한다.
2. 베이컨 2장을 깔고 위에 팽이버섯을 놓고 돌돌 말아 준다.
3. 왜된장 2큰술, 맛술 1큰술, 양파 간 것 1큰술, 올리고당 1큰술, 다진 마늘 1/2작은술, 다진 청양고추 1큰술, 깨소금과 참기름 약간씩을 넣고 잘 섞어 된장 양념장을 만든다.
4. 팽이버섯을 말아 놓은 베이컨은 달군 팬에 식용유를 약간 두르고 앞뒤로 노릇하게 지진다.
5. 접시에 팽이버섯베이컨말이를 놓고 위에 양념장을 얹어서 마무리한다.

재료

주재료

베이컨 1봉(200g), 팽이버섯 1봉

부재료

식용유

된장 양념장

왜된장 2큰술, 맛술 1큰술, 양파 간 것 1큰술, 올리고당 1큰술, 다진 마늘 1/2작은술, 다진 청양고추 1큰술, 깨소금 약간, 참기름 약간

코멘트
- 베이컨에 가래떡이나 밤을 넣어 말이를 만들어서 팬이나 오븐에 구워도 별미다.
- 팽이버섯베이컨말이에 된장 양념장을 넣어 조림을 하면 냄새도 줄고 베이컨을 담백하게 먹을 수 있다. 만들기도 손쉽고 술안줏감으로도 좋다.

통오징어양념구이

만드는 법

1. 오징어는 배를 가르지 말고 내장을 밑으로 빼서 몸통과 다리를 분리한다. 몸통 속에 있는 잔여물을 제거하고 소금을 넣은 물에서 깨끗이 씻은 후 채반에 놓는다.

2. 오징어 몸통에 칼집을 내준다. 이때 끝부분이 완전하게 잘리지 않도록 주의하면서 칼집을 낸다.

3. 실파는 파란 부분을 중심으로 송송 썬다.

4. 볼에 분량의 재료를 넣어 양념장을 만든다.

5. 석쇠나 오븐을 사용하여 오징어를 앞뒤로 절반 정도 익혀 준다.

   Point 익히면서 오징어에 있는 수분을 어느 정도 빼 주어야 양념장이 잘 입혀진다.

6. 오징어에 양념장을 발라 가며 석쇠나 오븐에서 앞뒤로 골고루 굽는다.

7. 오징어 위에 실파와 통깨를 얹어 마무리한다.

재료

주재료

오징어 1마리

부재료

소금 · 실파 · 통깨 약간씩

양념장

고추장 1.5큰술, 고춧가루 1/2큰술, 간장 1큰술, 물엿 2큰술, 청주 1큰술, 다진 파 1/2큰술, 다진 마늘 1작은술, 고추기름 1/2큰술, 참기름 1/2큰술, 후춧가루 약간

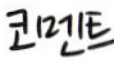

코멘트
- 오징어 모양을 그대로 살린 구이라 푸짐하고 멋스럽다.
- 팬을 사용할 때는 달군 팬에 종이 포일을 깔고 센 불에서 구워 수분을 날려 주고, 양념장을 바른 후에는 약한 불에서 오징어를 돌려 가며 골고루 구워 준다.
- 깻잎채를 곁들이면 깻잎 향과 매콤한 오징어구이 향이 절묘한 조화를 이룬다.

편육통구이

새콤달콤한 채소무침과 편육의 담백한 조화

맛	식감	보관 기간	한줄 정보
새콤달콤, 짭조름하다.	아삭아삭, 보들보들하다.	1일	만들어서 바로 먹어야 맛있다.

만드는 법

1. 삼겹살은 토막 내어 펄펄 끓는 물에 넣어서 데쳐 낸다.

2. 냄비에 고기가 잠길 정도의 물과 삼겹살 삶는 양념을 넣고, 끓으면 고기를 넣어 완전히 익힌다.

3. 오이는 돌려깍기하여 채를 썰고, 배는 도톰하게 채를 썬다. 영양 부추는 4~5cm 길이로 썰고, 홍고추는 씨를 털어 낸 뒤 채를 썬다.

4. 우묵한 팬에 조림장 재료를 넣고 골고루 섞은 후 중간 불에서 저어 가며 끓여 조림장을 만든다.

5. 조림장이 윤기 있게 조려지면 고기를 넣어 굴려 가며 양념장이 골고루 입혀지도록 조린다.

6. 조려진 고기는 얄팍하게 썰어 그릇에 담는다.

7. 볼에 오이, 배, 영양 부추, 홍고추를 넣고 채소 무침 양념으로 가볍게 버무린 뒤 삼겹살과 곁들여 낸다.

재료

주재료

삼겹살 200g

부재료

오이 6cm 1토막, 배 1/8개, 영양 부추 40g, 홍고추 1/3개

삼겹살 삶는 양념

통후추 1작은술, 소주 1큰술, 맛술 1큰술, 간장 2작은술, 된장 2작은술, 굵은 소금 약간, 통마늘 3쪽, 생강 1톨, 대파 잎 2줄기

조림장

간장 1.5큰술, 복분자술 3큰술, 물엿 2큰술, 설탕 1작은술, 연겨자 1큰술, 식초 1작은술, 고추기름 1.5큰술, 참기름 2작은술

채소 무침 양념

설탕·식초·오렌지주스 2큰술씩, 고춧가루·다진 마늘·통깨·레몬즙 1큰술씩, 참기름 약간

> **코멘트** · 고기에 부족한 비타민을 채소에서 보충할 수 있고, 새콤달콤한 양념과 편육이라는 조리법을 사용해 만들어서 느끼하지 않고 담백하다.

너비아니구이

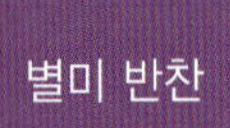

소고기를 너붓너붓 썰었다 해서 붙은 이름 너비아니

만드는 법

1. 소고기는 0.5cm 두께로 썰어 칼등으로 두들겨서 부드럽게 만든 다음 키친타월에 한 켜 한 켜 싸서 눌러 준 후 핏물을 제거한다.

2. 볼에 소고기를 담고 1차 양념장을 넣어 가볍게 버무린 뒤 1시간 정도 재워 둔다.

> **Point** 1차 양념장은 고기를 연하게 하고 누린내를 없애 준다.

3. 2차 양념장을 만들어 20분 정도 고기를 한 번 더 재운다.

> **Point** 너무 오래 재워 두면 수분이 나와 질겨지므로 짧은 시간 재운다.

4. 뜨겁게 달군 팬에 식용유와 참기름을 두르고 고기를 이리저리 돌려 가면서 앞뒤로 굽는다.

재료

주재료

소고기(등심 혹은 채끝살) 600g

부재료

식용유 · 참기름 적당히

1차 양념장

배 간 것 3큰술, 맛술 2큰술, 꿀 2큰술, 설탕 약간

2차 양념장

간장 4큰술, 다진 마늘 1.5큰술, 다진 파 2큰술, 깨소금 1큰술, 참기름 1큰술, 후춧가루 약간

코멘트 | **너비아니에 적합한 부위**

지방이 많지 않은 등심이나 안심, 채끝살을 저민 것이 적합하다.

팬에서 고기를 맛있게 굽는 요령

팬에 고기를 많이 넣고 익히면 수분이 나온다. 굽듯이 익히려면 팬을 뜨겁게 달군 후 소량의 고기를 굽는 것이 포인트다.

돼지목살통후추구이

간장 양념과 통후추로 맛을 낸 돼지목살구이

맛	식감	보관 기간	한줄 정보
짭조름하다.	쫄깃쫄깃하다.	3일	통후추의 향이 맛깔스럽다.

만드는 법

1. 돼지고기 목살은 두툼한 것을 준비하여 칼등으로 통통 쳐서 잔칼집을 낸 뒤 소금과 후춧가루로 10분 정도 밑간을 하여 녹말가루를 살짝 입힌다.
2. 대파와 깻잎은 곱게 채를 썰어 찬물에 담갔다가 건져 둔다.
3. 통마늘과 통생강은 납작납작하게 저며 놓는다.
4. 볼에 분량의 재료를 넣고 섞어 양념장을 만든다.
5. 달군 팬에 식용유를 두르고 저민 마늘과 생강을 넣어 향을 낸 후 고기를 노릇노릇하게 굽는다.
6. 팬에 양념장을 넣고 끓으면 고기를 넣어 양념장이 끈적끈적해질 만큼 조리듯이 굽는다.
7. 통후추를 으깨 적당히 뿌리고 대파채와 깻잎채를 얹어 마무리한다.

재료

주재료

돼지고기 목살 300g

부재료

녹말가루 약간, 대파 1대, 깻잎 10장, 통마늘 2쪽, 통생강 1톨, 식용유, 통후추 적당히,

고기 밑간

소금 · 후춧가루 약간씩

양념장

간장 2큰술, 청주 2큰술, 맛술 1큰술, 꿀 1큰술, 흑설탕 1작은술, 다진 마늘 1작은술, 다진 생강 1/2작은술

코멘트 · 두툼하게 썬 목살을 일반적인 고추장 양념 대신 달착지근한 간장 양념에 재워 스테이크처럼 구워 먹는 것도 별미다. 여기에 부추양파무침을 곁들여 준다면 고기 맛이 한껏 살 것이다.

부추양파무침

재료 · 부추 50g, 양파 30g, 깻잎 1묶음, 대파 2대, 오이 1/2개

양념 · 고춧가루 2큰술, 간장 2큰술, 사과식초 2.5큰술, 설탕 1큰술, 맛술 2큰술

꽁치양념구이

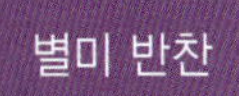

매콤한 양념으로 칼칼하게 맛을 낸 꽁치구이

맛	식감	보관 기간	한줄 정보
매콤하고, 감칠맛 난다.	보들보들하다.	2일	뜨거울 때 먹어야 맛있다.

만드는 법

1. 꽁치는 내장을 제거한 후 깨끗이 씻어 물기를 없애고 칼집을 넣는다.

2. 냄비에 1차 양념장 중 간장 4큰술, 설탕 3큰술을 먼저 넣고 끓이다가 나머지 재료를 함께 섞어 1/3 정도 줄어들 때까지 끓인다.

3. 2에 2차 양념장 중 고추장 1/2큰술, 고춧가루 2큰술을 먼저 넣고 골고루 풀어 준 후 후춧가루 약간, 올리고당 1큰술, 청주 1큰술을 넣어 약한 불에서 끓이다가 걸쭉해지면 참기름을 넣어 양념장을 완성한다.

4. 꽁치를 석쇠에 얹어 앞뒤로 굽다가 어느 정도 익으면 완성된 양념장을 발라 가며 윤기 있게 굽는다.
   Point 석쇠로 굽기 번거로우면 팬에 종이 포일을 깔고 구우면 편리하다.

재료

주재료

꽁치 2마리

1차 양념장

간장 4큰술, 설탕 3큰술, 물 1/2컵, 다진 마늘 2작은술, 다진 생강 1작은술

2차 양념장

고추장 1/2큰술, 고춧가루 2큰술, 후춧가루 약간, 올리고당 1큰술, 청주 1큰술, 참기름 1작은술

코멘트 | **생선양념구이를 맛있게 굽는 요령**

생선을 구울 때 양념을 미리 발라서 구우면 생선이 익기 전에 양념이 먼저 타 버려 제대로 된 구이 맛을 낼 수가 없다. 손질한 생선을 먼저 구운 후 양념을 발라 다시 구우면 양념이 타지 않고 속까지 잘 익는다.

견과류육전

상큼한 유자 소스와 함께 먹는 고소한 소고기전

만드는 법

1. 소고기는 얇게 썰어 키친타월로 핏물을 뺀 후 칼등으로 두드려 밑손질하고 소금과 후춧가루 약간씩, 청주 2큰술, 맛술 1작은술을 넣어 밑간을 해 준다.

2. 볼에 달걀을 풀어 준다.

3. 대추는 돌려깍기해서 다지고, 홍고추는 씨를 턴 후 입자 있게 다져 준다. 호두와 땅콩, 잣도 입자 있게 다진다.

4. 볼에 대추, 홍고추, 호두, 땅콩, 잣, 파래가루, 흑임자, 통깨, 찹쌀가루를 넣고 잘 섞어 준다.

5. 유자 소스는 먼저 믹서에 사과와 양파를 넣어 갈아 주고 나머지 재료를 넣고 고루 섞어 만든다.

6. 밑간한 소고기에 쌀가루 ➡ 달걀물 ➡ 견과류 양념순으로 고루 입혀 식용유를 두른 팬에서 앞뒤로 노릇하게 지진 후 유자 소스를 곁들여 같이 낸다.

재료

주재료 및 부재료

소고기(채끝살) 200g, 달걀 3개, 쌀가루 5큰술, 식용유

고기 밑간

소금 · 후춧가루 약간씩, 청주 2큰술, 맛술 1작은술

견과류 양념

대추 2개, 홍고추 1/2개, 호두 5개, 땅콩 1/3컵, 잣 1큰술, 파래가루 2큰술(혹은 파슬리가루), 흑임자 1/2큰술, 통깨 1큰술, 찹쌀가루 1/2컵

유자 소스

사과 1/2개, 양파 1/6개, 유자청 2작은술, 간장 1작은술, 레몬즙 2큰술, 사과식초 2작은술, 다진 마늘 1작은술, 연겨자 1/2큰술, 소금 약간

코멘트

· 육전용 고기로는 기름기가 적은 채끝살이나 홍두깨살이 연하고 담백하다.

· 육전에 밀가루 대신 녹말가루나 쌀가루를 섞어서 사용하면 식어도 식감이 좋다.

· 유자 소스는 유자 향이 은은해서 육전의 양념으로도, 샐러드소스로도 활용이 가능하다.

코다리찜

식감이 쫄깃하고 담백하며 매콤한 코다리찜

맛
매콤하다.

식감
아삭아삭, 쫄깃쫄깃하다.

보관 기간
2일

한줄 정보
콩나물을 아삭하게 준비하는 것이 포인트다.

만드는 법

1. 코다리는 지느러미와 꼬리, 배 속에 있는 검은 막을 정리한 뒤 반을 갈라 뼈를 발라서 적당한 크기로 토막 낸 뒤 밑간을 해 둔다.

2. 양파와 대파, 홍고추는 큼직하게 어슷썰기하고, 미나리는 5~6cm 길이로 썬다.

3. 콩나물은 거두절미하고 찜통에서 쪄 낸 다음 찬물에 담갔다가 건진다.
   Point 콩나물은 줄기가 굵은 찜용을 선택하고, 삶은 후 찬물에 담가 주어야 통통하고 아삭아삭하다.

4. 밑간해 둔 코다리에 밀가루 양념을 골고루 뿌린 뒤 팬에 식용유를 두르고 앞뒤로 지져 낸다.

5. 믹서에 다시마멸치육수 3큰술과 양파 1/4개를 넣고 갈아서 볼에 담고 나머지 재료를 넣고 섞어 양념장을 만든다.

6. 냄비에 콩나물 ➡ 양념장 ➡ 코다리와 양파 ➡ 양념장순으로 얹고 센 불에서 1분 정도 익히다가 대파, 홍고추, 미나리와 찹쌀물을 넣어 센 불에서 살짝 끓이며 가볍게 섞고 참기름과 통깨를 뿌린다.

재료

주재료
코다리 2마리

부재료
양파 1/2개, 대파 1뿌리, 홍고추 1개, 미나리 50g, 콩나물 200g, 밀가루 양념(밀가루 3큰술+찹쌀가루 3큰술), 식용유, 참기름 1큰술, 통깨

코다리 밑간
유장(참기름·식용유 1큰술씩), 후춧가루 약간

양념장
다시마멸치육수 3큰술, 양파 1/4개, 고춧가루 3큰술, 간장 2큰술, 굴 소스 1큰술, 멸치 액젓 2큰술, 맛술 2큰술, 청주 2큰술, 올리고당 2큰술, 설탕 1작은술, 다진 마늘 2큰술, 후춧가루·소금 약간씩

찹쌀물
다시마멸치육수 1/2컵, 찹쌀가루 2큰술

코멘트 · 시중에서 판매하는 코다리는 수분이 많은 상태로 냉동되어 있으므로 손질한 다음 냉장고에서 하루 정도 말려 준 후 사용해야 쫄깃한 식감이 난다.

육회

입에서 살살 녹는 부드러운 별미 육회

맛	식감	보관 기간	한줄 정보
매콤, 달콤하다.	촉촉하다.	1일	먹기 직전에 양념한다.

만드는 법

1. 소고기는 결의 반대 방향으로 곱게 채 썬 다음 키친타월로 가볍게 핏물을 뺀다.

2. 고기는 배즙과 청주로 20분 정도 밑간을 한다.

3. 배는 5cm 길이로 채 썰고, 마늘은 곱게 채 썬다.

Point 배를 바로 사용하지 않을 때는 설탕물(설탕 1큰술＋물 2컵)에 담가 둔다.

4. 볼에 분량의 재료를 넣어 양념장을 만든다.

5. 밑간해 둔 고기에 양념장을 넣고 버무린 뒤 둥글게 모양을 만든다.

6. 접시에 배를 깔고 위에 고기를 얹고 마늘채를 올려 준다.

Point 달걀노른자를 곁들여 내서 육회에 달걀노른자와 배를 섞어서 먹어도 좋다.

재료

주재료

소고기(홍두깨살이나 우둔살) 200g

부재료

배 1/2개, 마늘 5쪽

고기 밑간

배즙 2큰술, 청주 1큰술

양념장

국간장 1작은술, 맛술 1큰술, 고추장 2작은술, 다진 마늘 2작은술, 올리고당 1큰술, 소금 약간, 깨소금 1큰술, 후춧가루 약간, 참기름 1큰술

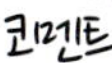
코멘트

- 소고기육회는 입맛을 돋워 주는 보양식 별미로 예부터 고급 술안주로 인정받았던 요리다. 달달하고 고소한 양념에 재운 소고기와 궁합이 맞는 아삭아삭한 배를 얹어 먹는 육회 그 자체로도 손색이 없지만 여러 가지 나물과 비벼 먹는 육회비빔밥도 빼놓을 수 없는 별미다.
- 익히지 않고 조리하기 때문에 소고기는 아주 신선한 것을 선택한다. 지방이 적고 결이 고운 부위로 홍두깨살이나 우둔살이 적합하다.

매콤한채소닭찜

온 가족이 즐겁게 먹을 수 있는 매콤한채소닭찜

맛	식감	보관 기간	한줄 정보
매콤하다.	보들보들, 쫄깃쫄깃하다.	2~3일	국물에 밥을 비벼 먹어도 좋다.

만드는 법

1. 닭은 토막 내어 기름과 내장 등 지저분한 것을 손질한 다음 깨끗이 씻어 체에 밭쳐 뒀다가 끓는 물에서 데쳐 건져 내 찬물을 끼얹어 준다.

2. 감자는 껍질을 벗기고 큼직하게 잘라 끓는 물에서 살짝 삶아 놓는다.

3. 양파와 당근은 먹기 좋은 크기로 썰고, 대파와 청·홍고추는 어슷썰기한다.

4. 볼에 분량의 재료를 넣고 골고루 섞어 양념장을 만들어 닭을 20분 정도 재운다.

   Point 이렇게 해야 간이 골고루 잘 밴다.

5. 냄비에 양파를 깔고 닭과 당근, 감자를 먼저 넣은 후에 닭이 약간 덜 잠길 정도로 물을 넣고 끓이듯 익힌다. 중간 불에서 국물이 1/3 분량으로 줄어들 때까지 익히다가 대파와 청·홍고추 썬 것을 넣고 한번 살짝 끓여서 마무리한다.

재료

주재료

닭(중) 1마리

부재료

감자 2개, 양파 1개, 당근 1/3개, 대파 1대, 청·홍고추 1/2개, 물 적당히

양념장

고춧가루 4큰술, 고추장 2큰술, 간장 3큰술, 멸치 또는 까나리 액젓 1큰술, 맛술 2큰술, 청주 2큰술, 물엿 1큰술, 다진 마늘 2큰술, 다진 생강 1/2작은술, 설탕·소금·후춧가루 약간씩, 참기름 1큰술

코멘트

- 닭은 펄펄 끓는 물에서 데쳐 내야 닭에 있는 기름기와 불순물이 제거되고 누린내가 줄어들며, 찬물을 끼얹어 주면 탄력감이 생긴다.
- 감자는 소금을 약간 넣은 물에서 어느 정도 익혀 내면 닭찜을 했을 때 국물이 탁하지 않고 깔끔하다.

말린도토리묵채소볶음

쫀득쫀득하고 쌉쌀한 별미 말린도토리묵채소볶음

만드는 법

1. 말린 도토리묵은 7시간 정도 물에 불려 뒀다가 끓는 물에 소금을 약간 넣고 5분 정도 삶은 뒤 체에 밭쳐 찬물을 끼얹고 물기를 빼 준다.

2. 오이는 돌려깍기해서 씨를 빼서 굵게 채를 썰고, 당근·양파·어묵은 납작썰기한다.

3. 볼에 간장 1큰술+1작은술, 올리고당 1큰술, 설탕 1작은술, 참기름 1.5큰술, 통깨 1작은술을 넣고 골고루 섞어 양념장을 만든 다음 도토리묵을 넣고 버무려 준다.

4. 달군 팬에 식용유를 두르고 당근과 양파를 먼저 넣고 볶다가 양념한 도토리묵과 어묵, 오이를 넣고 다시 살짝 볶아서 완성한다.

재료

주재료

말린 도토리묵 100g

부재료

소금 약간, 오이 4cm 1토막, 당근 4cm 1토막, 양파 1/4개, 흰 어묵 1/2장, 식용유 약간

양념장

간장 1큰술+1작은술, 올리고당 1큰술, 설탕 1작은술, 참기름 1.5큰술, 통깨 1작은술

코멘트
- 상수리나무 열매인 도토리에는 특수 성분인 타닌(tannin)이 있어 떫고 약간 쌉쌀한데, 이 타닌은 어린아이가 만성 설사를 할 때 먹이면 묽은 설사를 잘 멎게 한다고 한다.
- 말린 도토리묵은 양념에 재워 준비해 놓았다가 먹기 직전에 그때그때 볶아 주어야 쫀득하고 꼬들꼬들한 맛이 살아난다. 시간이 지나면 굳어지는 단점이 있다.

패주견과류채소무침

패주와 유자 향과의 환상적인 조화

만드는 법

1. 패주는 손질한 후 가장자리에 있는 얇은 막을 벗기고 살짝 데친 다음 3등분하여 칼집을 내고 청주 1큰술, 소금, 후춧가루로 밑간을 해 둔다.

2. 양상추와 치커리, 파프리카, 녹색 채소는 한 입 크기로 썰어 10분 정도 얼음물에 담갔다가 건진다. 사과는 납작하게 썰어 놓는다.

3. 볼에 간장 2큰술, 레몬즙 2큰술, 유자청 1큰술, 설탕 1작은술, 올리고당 2큰술, 소금과 후춧가루를 먼저 넣고 골고루 섞다가 포도씨유를 넣고 충분히 저어 유자간장 소스를 만든다.

   Point 소스에 기름이 들어갔기 때문에 사용할 때마다 충분히 저어서 뿌려야 기름과 다른 양념이 잘 어우러진다.

4. 패주와 채소류, 견과류, 건포도와 마른 자두를 골고루 섞어서 담고 레몬 껍질을 채 썰어 뿌린 후 먹기 직전에 유자간장 소스를 뿌려 준다.

재료

주재료

패주 4개, 양상추 1/4통, 치커리 약간, 노랑·홍색 파프리카 1/4개씩, 샐러드용 녹색 채소 적당히, 사과 1/2개, 호두 1큰술, 땅콩 1큰술, 잣 1작은술, 아몬드 1큰술

부재료

건포도 1큰술, 마른 자두 2개, 레몬 껍질 약간

패주 밑간

청주 1큰술, 소금·후춧가루 약간씩

유자간장 소스

간장 2큰술, 레몬즙 2큰술, 유자청 1큰술, 설탕 1작은술, 올리고당 2큰술, 소금·후춧가루 약간씩, 포도씨유 1/3컵

코멘트 ·키조개의 관자를 패주라고 하며, 얇은 막을 벗겨 주어야 질기지 않다.

골뱅이무침

매콤, 새콤달콤해서 밥반찬으로, 술안주로 좋은 음식

맛	식감	보관 기간	한줄 정보
새콤달콤, 매콤하다.	쫄깃쫄깃, 아삭아삭하다.	2일	상에 내기 바로 전에 양념한다.

만드는 법

1. 골뱅이는 국물을 체에 밭치고 얄팍하게 썬다.

2. 오이는 반 갈라 어슷하게 썰고, 양파는 채를 썬다.

3. 미나리는 5cm 길이로 자르고, 청·홍고추는 씨를 털어 내고 얄팍하게 어슷썰기한다. 대파는 흰 부분만 가늘게 채를 썰어 물에 담갔다가 체에 건져 둔다.

4. 볼에 간장 1큰술, 설탕 1/2큰술, 올리고당 1큰술, 식초 3큰술, 고춧가루 3큰술, 다진 마늘 2작은술, 참기름 2작은술, 깨소금 1큰술, 소금 약간을 넣고 골고루 섞어 양념장을 만든다.

5. 볼에 골뱅이와 양념장을 넣고 무치다가 오이, 양파, 미나리, 청·홍고추를 넣어 가볍게 섞어 준다.

6. 접시 한쪽에 골뱅이무침을 담고 다른 한쪽에 파채를 담아 완성한다.

재료

주재료

골뱅이 1캔(400g)

부재료

오이 1/2개, 양파 1/6개, 미나리 50g, 청·홍고추 1/2개씩, 대파 흰 줄기만 2대

양념장

간장 1큰술, 설탕 1/2큰술, 올리고당 1큰술, 식초 3큰술, 고춧가루 3큰술, 다진 마늘 2작은술, 참기름 2작은술, 깨소금 1큰술, 소금 약간

코멘트
- 골뱅이무침에는 파채나 북어채, 진미채 등을 같이 넣어 주어도 색다른 맛이 있다.
- 골뱅이무침에 소면을 곁들여 무치면 한 끼 식사로도 먹을 수 있는데, 이때에는 골뱅이 국물을 남겨 두었다가 양념에 넣어 주면 소면이 촉촉하게 잘 버무려지고 맛도 있다.

제육불고기

얼큰한 양념이 돼지고기와 조화를 이루는 제육불고기

만드는 법

1. 불고기감으로 준비한 돼지고기는 타월로 핏물을 제거한다.

2. 볼에 고추장 1.5큰술, 고운 고춧가루 1.5큰술, 간장 2큰술, 양파즙 2큰술, 설탕 1큰술, 올리고당 1큰술, 맛술 1큰술, 청주 1큰술, 다진 마늘 3큰술, 다진 생강 1작은술, 후춧가루와 소금을 약간씩 넣고 골고루 섞은 다음 참기름 2큰술, 식용유 1큰술, 깨소금 1큰술을 넣어 양념장을 만든다.

3. 고기를 잘 펴서 양념장에 넣고 조물조물 양념하여 30분 정도 재운다.

4. 달군 팬에 식용유를 조금 두르고 양념에 재워 둔 고기를 구워 준다.

5. 접시에 고기와 채소를 곁들여 담는다.

재료

주재료

돼지고기(목살 혹은 등심) 300g, 식용유

부재료

식용유

양념장

고추장 1.5큰술, 고운 고춧가루 1.5큰술, 간장 2큰술, 양파즙 2큰술, 설탕 1큰술, 올리고당 1큰술, 맛술 1큰술, 청주 1큰술, 다진 마늘 3큰술, 다진 생강 1작은술, 후춧가루 · 소금 약간씩, 참기름 2큰술, 식용유 1큰술, 깨소금 1큰술

코멘트

제육불고기의 맛을 더 풍부하게 해 주는 깻잎채와 대파채

깻잎과 대파를 채를 썰어 곁들여 주면 깻잎과 대파의 향이 느끼한 고기 맛을 깔끔하게 해 주고 비타민 섭취를 도와 영양적으로 균형이 이루어진다.

돼지고기 부위별 사용법

삼겹살은 구이나 편육에 좋고, 목살은 제육불고기나 구이에 적당하다. 이때 굴 소스를 넣어 주면 감칠맛이 살아난다. 등심은 고기 망치로 두들겨 빵가루를 묻혀 튀기는 돈가스로, 기름기 없는 연한 안심은 볶음이나 조림 등에 두루 사용이 가능하다.

갈치무조림

양념에 잘 조려진 푹 익은 무가 더 맛있는 갈치무조림

만드는 법

1. 갈치는 칼로 비늘을 긁고 가위로 지느러미를 자른 다음 깨끗이 씻어 적당한 크기로 토막 낸다.

2. 무는 큼직하게 썰어 끓는 물에 소금과 청주, 맛술을 넣고 푹 삶는다.

3. 양파는 굵게 채를 썰고, 청·홍고추와 대파는 어슷하게 썬다.

4. 볼에 분량의 재료를 섞어 양념장을 만든다.

5. 냄비에 무와 양파 ➡ 양념장 ➡ 갈치 ➡ 양념장순으로 올리고 그릇 안쪽 테두리에 다시마물을 부어 준다.

6. 숟가락으로 국물을 끼얹어 가며 윤기 있게 조리다가 거의 완성되었을 때 청·홍고추와 대파를 넣어 마무리한다.

주재료

갈치 1마리, 무 1토막(150g)

부재료

양파 1/4개, 청·홍고추 1/2개씩, 대파 1줄기, 다시마물(물 2컵, 다시마 3×3cm 1조각) 3/4컵

무 전처리

소금 약간, 청주 1큰술, 맛술 1큰술

양념장

간장 3큰술, 소금 2.5작은술, 설탕 1큰술, 청주 2큰술, 맛술 2큰술, 고춧가루 4큰술, 다진 마늘 2큰술, 다진 생강 1작은술, 후춧가루 약간

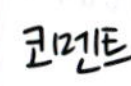

• 생선조림의 무는 미리 푹 삶아서 준비해 뒀다가 생선과 양념으로 조려야 양념장과 생선 맛이 잘 스민 부드러운 무를 먹을 수 있다. 이렇게 조린 무는 생선보다도 더 맛있다.

대구된장마요네즈구이

된장과 마요네즈로 냄새도 잡고 고소함을 더한 대구구이

만드는 법

1. 대구는 깨끗이 씻어 키친타월로 물기를 없앤 뒤 뼈를 발라내 앞뒤 2장으로 포를 뜬 후 4~5cm 크기로 썰어 청주와 소금, 후춧가루로 밑간을 해 둔다.

   Point 살만 발라내 앞뒤 2장으로 큼직하게 포를 뜬 냉동 대구포를 사용해도 좋다.

2. 볼에 왜된장 2작은술, 마요네즈 3큰술, 맛술 1큰술, 설탕 1/2작은술, 소금을 약간 넣고 골고루 섞어 된장마요네즈 양념장을 만든다.

3. 대파는 입자 있게 송송 썰어 준비한다.

4. 달군 팬에 종이 포일을 깔고 대구를 올린다.

5. 대구 위에 된장마요네즈 양념장과 송송 썬 대파를 얹어서 구워 준다.

   Point 오븐의 경우 200℃로 예열한 후 오븐 팬에 종이 포일을 깔고 10분 정도 구워 주면 되는데, 구울 때 모차렐라 치즈나 파르마산 치즈를 뿌려 주어도 좋다.

재료

주재료

대구 1마리

부재료

대파 1대

대구 밑간

청주 1큰술, 소금 · 후춧가루 약간씩

된장마요네즈 양념장

왜된장 2작은술, 마요네즈 3큰술, 맛술 1큰술, 설탕 1/2작은술, 소금 약간

코멘트 • 대구는 머리와 입이 커서 대구(大口)라는 이름이 붙여졌다고 한다. 대구는 비린내가 적고 담백하며 산란기인 겨울에 맛이 가장 좋다. 찌개나 맑은탕을 만들 때는 '곤이'라는 내장이 풍부한 수놈이 맛이 있다.

낙지볶음

연하고 쫄깃해서 자꾸 손이 가는 낙지볶음

맛	식감	보관 기간	한줄 정보
매콤, 달콤하다.	탱글탱글, 쫄깃쫄깃하다.	2~3일	남은 양념에 밥을 볶아 먹어도 맛있다.

만드는 법

1. 낙지는 머리를 떼고 내장과 먹물을 제거한 뒤 물에 씻어 건진다. 여기에 밀가루를 넣고 바락바락 문질러 미끈거림과 비린내를 없앤 뒤 물에 다시 한 번 깨끗이 씻어 체에 건진다.

2. 펄펄 끓는 물에 낙지를 데쳐서 건진 뒤 먹기 좋은 크기로 썰어 놓는다.

3. 양파는 굵게 채 썰고, 당근과 호박은 납작하게 길이로 썬다. 대파는 채를 썰고, 청·홍고추는 어슷하게 썰어 준다.

4. 볼에 분량의 재료를 넣고 양념장을 만든다.

5. 달군 팬에 식용유를 두르고 양파, 당근, 호박을 넣고 살짝 볶는다. 여기에 낙지와 양념장을 넣어 센 불에서 볶은 뒤 대파와 청·홍고추를 넣고 한번 뒤적이다가 참기름과 통깨를 넣어 마무리한다.

재료

주재료

낙지 4마리(800g 정도)

부재료

밀가루 적당히, 양파 1개, 당근 4cm 1토막, 호박 4cm 1토막, 대파 1대, 청·홍고추 1개씩, 식용유 2큰술, 참기름 1큰술, 통깨 1/2큰술

양념장

고춧가루 8큰술, 고추장 3큰술, 굴 소스 1큰술, 멸치 또는 까나리 액젓 1큰술, 청주 1큰술, 맛술 1큰술, 물엿 3큰술, 설탕 1작은술, 다진 마늘 3큰술, 다진 파 2큰술

코멘트 · 낙지볶음을 쫄깃하고 연하게 하려면?

펄펄 끓는 물에서 살짝 데쳐야 질겨지지 않고 해물 특유의 향이 살아난다. 볶을 때는 뜨겁게 달군 팬에서 채소를 먼저 볶아서 숨이 죽으면 데친 낙지와 양념장을 넣어 양념이 재료에 어우러지는 정도에서 완성하면 된다.

- 낙지를 데칠 때 납작하게 썬 무와 마늘을 넣고 데치면 국물 맛이 좋아서 무국에 활용하면 일석이조다.

별미 반찬
부세조림

부드럽고 담백한 생선 부세를 매콤하게 조린 반찬

맛	식감	보관 기간	한줄 정보
매콤, 달콤하다.	부들부들하다.	2~3일	생강과 레몬이 비린내를 없앤다.

만드는 법

1. 부세는 싱싱한 것을 골라 비늘, 아가미, 내장을 제거한 다음 흐르는 물에서 여러 번 깨끗이 씻는다.

   Point 배를 가르지 않고 아가미 쪽으로 내장을 빼 주어야 모양이 흐트러지지 않는다.

2. 양파는 굵게 채 썰고, 청·홍고추와 대파는 가늘게 채를 썰어 준다.

3. 볼에 분량의 재료를 넣고 양념장을 만든다.

4. 냄비에 양파를 깔고 부세를 올린 다음 양념장을 고루 넣고 물 1.5컵을 냄비 안쪽 테두리에 부어 준다. 뚜껑을 열고 센 불에서 10분 정도 끓이다가 중간 불에서 국물을 끼얹어 가며 조려 준다.

   Point 조릴 때 뚜껑을 열어서 조려야 부세 특유의 냄새가 날아간다.

5. 국물이 자작해지면 청·홍고추채와 대파채를 얹고 살짝 끓여서 마무리한다.

재료

주재료

부세 2마리

부재료

양파 1/4개, 청·홍고추 1/2개씩, 대파 1/2대, 물 1.5컵

양념장

간장 2큰술, 멸치 또는 까나리 액젓 1작은술, 굵은 소금 약간, 고춧가루 4큰술, 고추장 1큰술, 청주 2큰술, 맛술 2큰술, 설탕 1큰술, 다진 마늘 2큰술, 다진 생강 1작은술, 레몬즙 1큰술(혹은 식초 1작은술), 후춧가루 약간

코멘트 · 부세는 일명 부서라고도 하는 생선인데 조기와 모양새가 비슷하다. 조기에 비해 가격이 저렴하고 살이 부드러우며 비린내가 적다. 단 부세 특유의 냄새가 있어 고추장을 넣어 조림하는 것이 맛을 내는 요령이다.

고등어시래기찜

구수한 시래기와 고등어로 찜을 한 별미 반찬

만드는 법

1. 고등어는 흐르는 물에 씻어 적당한 크기로 썬다.

2. 시래기는 끓는 물에 넣고 데친 뒤 찬물에 씻어 물기를 꼭 짜고 3cm 길이로 자른다.

3. 청·홍고추와 대파는 어슷하게 썰고, 양파는 채를 썬다.

4. 재래식 된장을 체에 걸러 덩어리를 풀고 나머지 분량의 재료를 섞어 양념장을 준비한다.

5. 시래기와 양파에 양념장 1/3을 넣고 버무려 냄비 바닥에 깔고 고등어를 올린다.

   Point 시래기를 양념장에 버무려 바닥에 깔아 주면 생선 비린내도 안 나고 부드러워 맛이 있다.

6. 고등어 위에 청·홍고추, 대파를 올리고 나머지 양념장을 끼얹어 10분 정도 재운 후 다시마멸치육수를 넣어 센 불에서 한소끔 끓인다.

7. 중간 불로 줄인 뒤 생선에 양념장 국물을 끼얹어 가며 국물이 자박해질 때까지 끓여서 마무리한다.

재료

주재료

고등어 1마리, 시래기 100g

부재료

청·홍고추 각 1개씩, 대파 1/2대, 양파 1/2개, 다시마멸치육수(물 2컵, 다시마 3×3cm 1조각, 국멸치 10마리) 1컵

양념장

재래식 된장 1큰술, 간장 1큰술, 고추장 1큰술, 청주 1큰술, 다진 마늘 1큰술, 소금·후춧가루 약간씩

코멘트 · 다시마멸치육수 대신 쌀뜨물을 넣어 주면 시래기와 어우러져 구수한 고등어시래기찜이 된다. 똑같은 방법으로 대표적인 민물 생선인 붕어로 찜을 만들면 맛있다.

잡채

생일날, 잔칫날 빠지지 않는 음식 잡채

맛	식감	보관 기간	한줄 정보
달콤, 짭짤하다.	쫄깃쫄깃하다.	2~3일	윤기가 좔좔 흐르는 푸짐한 일품요리다.

만드는 법

1. 당면은 미지근한 물에 불려 먹기 좋게 자른다.

2. 볼에 분량의 재료를 넣고 고루 섞어 당면 양념장을 만들어 당면에 넣고 무쳐 준다.

3. 불린 표고버섯은 가늘게 채를 썰어 물기를 꼭 짜고 표고버섯 양념에 무친다.

4. 호박은 씨 부분을 제거하고 4cm 길이로 잘라 가늘게 채 썰고, 당근도 4cm 길이로 잘라 가늘게 채를 썰어 소금으로 살짝 절여 물기를 꼭 짠다.

5. 달군 팬에 식용유를 두르고 표고버섯, 호박, 당근을 각각 볶아 낸 뒤 넓은 쟁반에 펼쳐서 식힌다.

6. 팬에 식용유를 두르고 약한 불에서 당면이 투명해질 때까지 볶는다.

7. 볼에 볶은 당면과 표고버섯, 호박, 당근을 넣어 고루 섞고 통깨와 참기름으로 마무리한다.

재료

주재료

당면 100g

부재료

불린 표고버섯 5장, 호박 1/3개, 당근 1/4개, 소금 약간, 식용유, 통깨·참기름 약간씩

당면 양념장

간장 3큰술, 설탕 1큰술, 참기름 3큰술, 식용유 1큰술, 후춧가루 약간

표고버섯 양념

간장 2작은술, 참기름·후춧가루·설탕 약간씩

코멘트 | **잡채를 담백하게 먹으려면?**

당면을 끓는 물에 삶아서 볶은 채소와 양념(간장 3큰술, 설탕 1작은술, 참기름 2큰술, 후춧가루 약간, 통깨)을 넣고 무쳐 준다.

불고기

달착지근하고 부드러운, 온 가족의 반찬 소불고기

만드는 법

1. 소고기는 불고기감으로 얇게 썰어 준비한다.

2. 소고기는 키친타월에 올려 핏물을 제거한다.

3. 양파와 깻잎은 채를 썰어 준비하고, 느타리버섯은 끓는 소금물에 살짝 데쳐서 물기를 꼭 짜 둔다.

4. 볼에 양념장 재료를 넣고 고루 섞어 준다.

5. 소고기에 양념장을 끼얹어 가볍게 주무른 다음 채 썬 양파와 데쳐 둔 느타리버섯을 섞어 냉장고에 넣고 30분 정도 재워 둔다.

6. 달군 팬에서 양념한 고기를 볶아 준다.

7. 접시에 채 썬 깻잎을 깔고 볶아 낸 고기를 얹은 후 잣 다진 것을 올려 주어 완성한다.

재료

주재료

쇠고기 등심 또는 채끝살 400g

부재료

양파 1개, 깻잎 1묶음(10장), 느타리버섯 100g, 소금 약간, 잣 다진 것 1큰술

양념장

간장 4큰술, 청주 2큰술, 맛술 2큰술, 배 갈은 것 2큰술, 양파 갈은 것 2큰술, 올리고당 3큰술, 설탕 1작은술, 다진 마늘 2큰술, 다진 파 2큰술, 후춧가루 약간, 참기름 2큰술, 식용유 1큰술, 통깨 1큰술

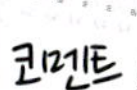
- 고기의 누린내를 줄이려면 핏물을 잘 제거하고, 연하게 먹으려면 양념장에 배나 파인애플을 갈아서 넣어 주면 좋다.
- 불고기를 식감 있게 먹으려면 소고기 등심을 조금 도톰하게 잘라 준비하고, 고기 한 장씩 양념장을 발라 재워 주면 좋다.

LA갈비구이

겨자가 느끼함을 줄여 줘서 자꾸 손이 가는 갈비구이

만드는 법

1. 갈비는 물에 담가 핏물을 완전히 빼고 기름 부분을 제거해 준다.

2. 믹서에 양념장 재료를 넣고 갈아 준다.

3. 갈비 한 장 한 장에 양념장을 골고루 발라서 2시간 정도 재워 준다.

4. 팬을 뜨겁게 달군 후 갈비를 조금씩 넣고 조리듯 익혀야 윤기 있는 구이가 된다.

   Point 팬에 갈비를 많이 넣으면 온도가 떨어지면서 수분이 많이 생겨 윤기도 없고 양념도 잘 배지 않는다.

재료

주재료

LA갈비 600g

양념장

간장 3큰술, 설탕 1큰술, 올리고당 2큰술, 맛술 1큰술, 청주 2큰술, 다진 마늘 2작은술, 양파 50g, 후춧가루 약간, 갠 겨자 1작은술, 참기름 1큰술, 포도씨유 1큰술

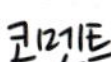
코멘트

• 갈비는 물을 여러 번 갈아 가며 핏물을 잘 제거해 주어야 누린내를 없앨 수 있다.

• 양념장에 겨자를 넣어 주면 겨자 향과 살짝 매콤한 맛이 고기의 느끼함을 줄이고 더 얕은맛을 주며 누린내도 줄여 준다.

안동찜닭

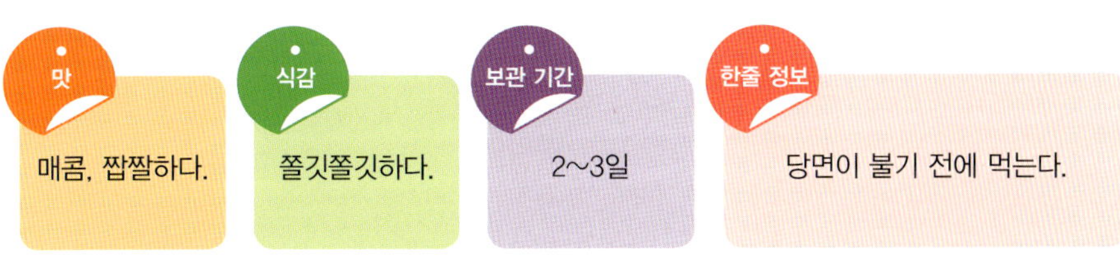

만드는 법

1. 닭은 작게 잘라 끓는 물에 데쳐 기름기를 없앤다.

2. 마늘과 생강, 양파는 납작하게 썰고, 표고버섯은 2~4등분하고, 대파는 어슷썬다.

3. 마른 고추와 청양고추는 어슷하게 썰어 씨를 제거한다. 시금치는 뿌리를 잘라내고 살짝 데친다.

4. 떡은 말랑한 것은 그대로, 딱딱한 것은 데쳐서 사용한다. 당면은 물에 불려 부드럽게 준비한다.

5. 당근과 감자는 도톰하게 편으로 썬다.

6. 분량의 재료를 잘 섞어 양념장을 만들어 놓는다.

7. 팬에 고추기름을 둘러 마른 고추를 볶다가 닭과 양념장을 넣어 같이 볶고 여기에 물 2컵을 붓고 끓인다.

8. 끓으면 중간 불로 줄여 끓이다가 국물이 반으로 줄면 당근, 감자, 양파, 표고버섯을 넣어 끓이고, 다시 국물이 1/3로 줄면 대파, 마늘, 생강, 떡과 당면, 청양고추를 넣어 끓인다. 국물이 자작해지면 마지막에 시금치와 참기름을 넣어 완성한다.

재료

주재료

닭(1kg) 1마리

부재료

마늘 3쪽, 생강 1톨, 양파 1/2개, 표고버섯 2장, 대파 1대, 마른 고추 2개, 청양고추 5개, 시금치 1/4단, 떡볶이 떡 10개, 당면 100g, 당근 1/2개, 감자 1개, 고추기름 3큰술, 물 2컵, 참기름

양념장

물 2컵, 간장 7큰술, 흑설탕 4큰술, 깨소금 1작은술, 후춧가루 · 참기름 약간씩

코멘트 · 담백하게 먹으려면 닭껍질을 벗기고 기름(식용유)을 넉넉히 넣는 것이 좋다.

춘천닭갈비

칼칼한 고추장 양념이 입맛을 돋우는 주말의 별미

만드는 법

1. 닭가슴살은 너무 두껍지 않게 썬 후 먹기 좋은 크기로 자르고, 닭다리살은 힘줄을 끊어 주고 적당한 크기로 썬다.

   Point 힘줄을 끊어 주면 익을 때 덜 오그라든다.

2. 양파는 채 썰고, 양배추는 굵은 채로 썰어 준다. 청·홍고추와 대파는 어슷썰기한다.

3. 볼에 양념장 재료를 넣어 잘 혼합한다.

4. 양념장에 닭고기를 먼저 넣어 30분 정도 재워 준 후 채소를 넣어서 버무린다.

5. 팬을 뜨겁게 달군 후 식용유를 살짝 두르고 닭고기를 넣어 앞뒤로 굽다가 채소를 넣고 다시 한 번 볶아 준다.

   Point 떡을 넣을 경우에는 물을 2~3큰술 넣고 섞어 준 후 뚜껑을 닫고 2~3분 정도 익혀 준다.

6. 참기름과 통깨를 넣어 완성한다.

재료

주재료

닭가슴살 200g, 닭다리살 200g

부재료

양파 1/2개, 양배추 2장, 청·홍고추 각 1개씩, 대파 2대, 식용유·참기름 약간씩, 통깨 1작은술

양념장

고추장 2큰술, 고춧가루 2큰술, 간장 1큰술, 카레가루 1큰술, 다진 마늘 1큰술, 다진 생강 1작은술, 올리고당 1큰술, 맛술 2큰술, 청주 1큰술, 설탕 1작은술, 후춧가루 약간

코멘트
- 양념장에 카레가루를 넣어 주면 누린내가 나지 않고 카레 향과 맛이 매콤한 고추장과 고춧가루와 어우러져 그 맛이 조화를 이룬다. 조금 더 매콤한 맛을 즐기려면 청양고추를 썰어서 넣어 준다.
- 부재료로 떡과 고구마를 준비해서 같이 넣어 주어도 잘 어울린다.

우엉잡채

우엉과 색스러운 피망이 어우러진 별미 반찬

맛	식감	보관 기간	한줄 정보
짭조름하다.	아삭아삭하다.	3~5일	섬유질이 많은 우엉은 건강에도 좋다.

만드는 법

1. 우엉은 껍질을 벗겨 어슷하게 썬 다음 다시 곱게 채를 썰어 물에 담가 준다.

   Point 물에 담가 주면 갈변이 방지된다.

2. 냄비에 물과 식초를 넣고 끓여 채 썬 우엉을 설익을 정도로 데친 다음 찬물에서 헹궈 체에 밭친다.

3. 청 · 홍 · 노랑 피망은 씨를 제거한 다음 곱게 채를 썰어 준다.

4. 냄비에 조림장 재료를 넣고, 끓으면 데쳐 낸 우엉을 넣고 센 불에서 조려 준다.

   Point 뚜껑을 열고 수분을 날리면서 조려 준다.

5. 달군 팬에 식용유를 두르고 채 썰어 놓은 각색 피망과 소금 약간을 넣고 살짝 볶는다.

6. 넓은 그릇에 조린 우엉과 볶은 피망을 넣은 다음 참기름을 넣고 골고루 섞어서 마무리한다.

재료

주재료

우엉 250g

부재료

식초 약간, 청 · 홍 · 노랑 피망 1/2개씩, 식용유 · 소금 약간씩, 참기름 1큰술

조림장

간장 1/4컵, 맛술 2큰술, 설탕 1작은술, 물엿 2작은술, 물 1.5컵

코멘트 · 우엉은 데쳐서 푹 조려야 질기지 않다.

김치

배추포기김치 · 비늘김치 · 깍두기 · 총각무김치 · 파김치 · 열무김치 · 고들빼기 · 동치미 · 오이소박이 · 부추김치 · 나박김치 · 오이즉석깍두기(오이송송이) · 깻잎김치 · 열무물김치 · 배추겉절이

한 끼라도 식탁에 내놓지 않으면 밥을 못 먹는 김치! 어느 집에나 한두 가지쯤은 늘 밥상에 올리는 필수 메뉴다.

맛있게 잘 익은 배추김치, 혀끝에 착착 감기는 열무김치, 오래 묵힐수록 맛이 깊어지는 짭조름한 파김치, 새콤달콤한 깍두기, 시원한 물김치, 아삭거리는 맛이 살아 있는 겉절이 등, 한국인의 밥상에서 빠질 수 없는 김치를 조금 귀찮더라도 이제부터 내 손으로 만들어 보자.

☀ 김치의 맛을 살리는 천연 조미료 만들기

1. 다시마물 만들기

- **재료** 다시마 5×5cm 1조각, 물 2컵
  ❶ 분량의 물에 다시마를 넣고 끓으면 불을 끈다.
  ❷ 30분 정도 지나 다시마물이 우러나면 건져 내고 식힌다.

2. 멸치가루 만들기

- **만드는 방법** 중간 크기의 멸치를 골라 내장과 머리를 뗀다. 달군 팬에서 볶아 바싹 말린 후 커터기로 약간 입자가 있게 갈아 준다(너무 곱게 갈면 국물이 텁텁해진다). 파김치나 갓김치 같은 별미 김치에 넣어 주면 깊은 맛이 난다.

3. 김치별 찹쌀풀 만들기

국물 김치

- **재료** 밀가루 2큰술, 물 3컵
  ❶ 물 1컵에 밀가루 2큰술을 풀어 준다.
  ❷ 물 2컵을 끓이다가 밀가루 갠 물을 넣어 주며 충분히 익힌다.

일반 김치

- **재료** 찹쌀가루 2큰술, 콩가루 1작은술, 물 3컵
  ❶ 물 1컵에 찹쌀가루 2큰술과 콩가루 1작은술을 풀어 준다.
  ❷ 물 2컵을 끓이다가 찹쌀가루와 콩가루 갠 물을 넣어 주며 충분히 익힌다.

김장(겨울) 김치, 파김치, 갓김치

- **재료** 다시마물 3컵, 찹쌀가루 1/3컵, 들깨가루 2큰술
  ❶ 다시마물 1컵에 찹쌀가루 1/3컵과 들깨가루 2큰술을 풀어 준다.
  ❷ 다시마물 2컵을 끓이다가 찹쌀가루와 들깨가루 갠 물을 넣어 주며 충분히 익힌다.

4. 마른 고추 갈기

❶ 마른 고추는 꼭지를 딴 후 가위로 4등분한다.

❷ 물에 씻어서 건져 20분 정도 두어 자연스럽게 불려 준다.

❸ 불린 고추를 커터기에 넣고 갈다가 뻑뻑해져서 갈리지 않을 때 다시마물을 조금씩 넣어 가며 갈아 준다. 홍고추가 있는 여름철에 홍고추를 갈아서 사용한다.

☀ 김치 보관법

잘 익은 김치의 대표적인 특징 중 하나는 사이다처럼 톡 쏘는 시원한 맛이다. 그러한 맛을 내기 위해서 가장 중요한 것은 김치를 보관하는 요령이다.

1. 김치는 김치통에 담을 때는 김치통의 80% 정도만 담고 상온에서 1~2일 정도 살짝 익힌 다음 저온 저장고(냉장고나 김치 전용 냉장고)에 넣는다. 유산균 중의 하나인 류코노스톡(leuconostoc) 균과 탄산이 많을수록 톡 쏘고 시원한 김치맛이 풍부하게 느껴진다고 한다. 유산균은 저온에서 발생하므로 김치통의 80% 정도를 채워야 가스가 발생했을 때 국물이 넘치지 않고, 상온에서 하루 정도 지난 김치를 저온 저장고에 저장해야 제맛을 내게 되는 것이다.

2. 잦은 온도 변화를 막기 위해서는 끼니마다 김치통을 열어 김치를 꺼내는 것보다는 미리 2~3일 동안 먹을 양을 작은 통에 나눠 담아 먹는 것이 좋다.

3. 김치는 공기와의 접촉이 많아지면 맛이 변하기 쉬우므로 김치를 꺼내 먹는 과정에서 보관 용기에 빈 공간이 많이 생기면 작은 밀폐 용기에 옮겨 담는 것이 좋다.

4. 김치를 장기간 보관할 때는 한 달에 한두 번 위쪽과 아래쪽에 있는 김치통의 위치를 바꿔 주는 것이 맛을 유지하는 비결이다. 찬 공기는 위에서 아래로 흐르므로 김치통 자리는 냉장실 아랫부분이 좋다.

5. 동치미처럼 염도가 낮아서 얼기 쉬운 김치는 냉기가 직접 나오는 곳은 피해서 보관한다.

배추포기김치

모든 김치의 기본 배추포기김치

만드는 법

1. 배추는 뿌리 쪽에 칼집을 넣어 손으로 벌려 가르고(배추가 크면 4등분한다) 소금물에 담갔다 건진 후 굵은 소금을 켜켜이 뿌려 절인다. 큰 통을 준비해서 배추의 속이 위로 올라오도록 차곡차곡 쌓고 남은 소금물을 붓는다.

2. 5시간이 지나면 배추의 위치를 바꾸어 뒤집어 준 후 다시 5시간을 더 절인다.

   Point 여름철엔 8시간, 겨울철엔 10시간 정도가 적당하다. 깨끗한 겉이파리는 우거지용으로 함께 절인다.

3. 절인 배추는 흐르는 물에 3번 정도 헹궈 채반에 엎어서 물기를 뺀다(3시간 정도).

4. 배와 양파는 믹서에 같이 갈아 둔다.

5. 무는 0.2cm 굵기로 채 썰고, 쪽파와 갓, 미나리는 4cm 길이로 썬다.

6. 찹쌀풀은 다시마물에 찹쌀가루와 들깨가루를 넣어 거품기로 골고루 풀어 준 후 끓인다.

   Point 여름에는 약간 묽게, 겨울철에는 약간 되직하게 끓여 준다.

7. 양념에 들어가는 고춧가루 중 1/3컵을 무채에 넣고 버무려 색을 고르게 낸 후 나머지 양념 재료를 넣어 버무리다가 (고춧가루가 불도록 30분 정도 기다린다) 배추소의 나머지 재료를 넣고 섞어 준다.

8. 배추에 켜켜이 속을 넣어 겉껍질로 감싸고 자른 단면이 위로 오도록 배추를 통에 차곡차곡 담은 후 국물을 만들어 김치 통에 부어 준다.

   Point 우거지로 윗면을 덮어 주면 김치가 더욱 싱싱하고 맛의 변질이 없다.

재료

주재료

배추 2포기(5kg), 굵은 소금 1컵

배추 절임 소금물

굵은 소금 1컵, 물 10컵

배추소

무 1개(800g 정도), 쪽파 50g, 갓 80g, 미나리 30g, 청각 다진 것 1/2컵

양념

배 1개, 양파 1/2개, 고춧가루 1⅓컵, 까나리 액젓 2/3컵, 새우젓 1/3컵, 찹쌀풀 1.5컵, 다진 마늘 1/3컵, 다진 생강 1큰술

찹쌀풀

다시마물 2컵, 찹쌀가루 1/3컵, 들깨가루 2큰술

국물

다시마물 1컵, 굵은 소금 적당히

코멘트

배추소에 들어가는 청각은 시원하고 싱싱한 맛을 내며 향기가 좋다.

비늘김치

어슷한 칼집 사이에 여러 가지 고운 채를 넣은 궁중 김치

만드는 법

1. 초롱무는 무청을 정리하고 물에 씻은 후, 굵은 소금에 굴려서 표면에 소금을 충분히 묻힌 다음 무가 잠기도록 물을 붓고 2시간 정도 절인다. 어느 정도 절여지면 꺼내서 반으로 가른 후 2cm 간격으로 칼집을 어슷하게 넣고 다시 소금물에 담가 1시간 정도 절인다. 무청도 소금물에 같이 담가 살짝 절인다.

2. 절인 초롱무와 무청은 물에서 한 번만 헹궈 물기를 빼고 고춧가루를 넣어 색을 들인다.

3. 소로 준비한 무는 3cm 길이로 곱게 채 썰어 소금 1큰술로 버무려 살짝 절인 다음 건져서 물기를 빼고 고춧가루를 넣어 색을 들인다. 밤은 채 썰고, 쪽파와 미나리는 3cm 길이로 썬다.

4. 배와 양파는 믹서에 갈고 나머지 분량의 재료를 넣어 양념을 만든다.

5. 준비한 양념에 무채, 밤채, 쪽파, 미나리, 청각 다진 것을 넣고 가볍게 버무린다.

6. 초롱무의 칼집 사이에 양념한 소를 채워 넣고 양념을 바른 다음 통에 차곡차곡 넣은 후 국물을 만들어 테두리에 부어 준다. 이때 절인 무청도 양념에 버무려 두어 초롱무 윗부분을 덮어 준다.

   Point 무청은 공기와 무와의 접촉을 막아 주어서 끝까지 시원하고 싱싱한 맛을 유지해 줄 뿐 아니라 비늘김치가 익으면 무청 자체도 맛이 있다.

재료

주재료

초롱무 10개(2.4kg)

초롱무 절임 소금물

물 · 굵은 소금 적당히

소

무 200g, 소금 1큰술, 고춧가루 3큰술, 밤 10개, 쪽파 50g, 미나리 30g, 청각 다진 것 1/3컵

양념

배 1/2개, 양파(중) 1개, 고춧가루 2/3컵, 멸치 액젓 1/4컵, 새우젓 2큰술, 찹쌀풀 3큰술, 다진 마늘 3큰술, 다진 생강 1작은술, 다시마물 1컵

국물

다시마물 2컵, 굵은 소금 적당히

코멘트 초롱무

손바닥 길이보다 조금 작지만 아삭아삭한 맛이 일품이다. 초롱무에 칼집을 넣어 여러 가지 소를 채운 비늘김치는 얌전한 모양이 눈길을 끈다. 김장 때 담근다면 절인 배추 이파리로 하나씩 싸서 통에 담갔다가 접시에 담으면 손님상에 올리기도 좋다.

깍두기

김치 중에 가장 만들기 손쉬운 김치

만드는 법

1. 세척한 무는 사방 2cm 크기로 깍둑썰기하고, 쪽파도 무와 같은 2cm 길이로 썬다.

2. 무를 굵은 소금 3큰술에 1시간 정도 절인 후 소쿠리에 밭쳐 물기를 뺀다.

3. 무에 양념 재료 중 고춧가루 양의 절반을 넣고 고르게 색이 나게 버무린다.

4. 나머지 분량의 재료를 넣어 양념을 만든다.

5. 무에 양념을 넣고 고루 버무리다가 쪽파를 넣어 가볍게 버무려 담는다.

재료

주재료

무 1.5kg

부재료

쪽파 50g

무 절임

굵은 소금 3큰술

양념

고춧가루 1/2컵, 찹쌀풀 1큰술 또는 밀가루풀 1큰술, 새우젓 2큰술, 까나리 액젓 1큰술, 다진 마늘 1.5큰술, 다진 생강 약간, 설탕 1작은술

코멘트 | **톡 쏘는 향이 일품인 순무섞박지**

재료 · 순무 2kg, 쪽파 30g, 굵은 소금 1/2컵, 고춧가루 1/2컵, 찹쌀풀 1/2컵, 새우젓 2큰술, 멸치 액젓 1/2컵, 다진 마늘 3큰술, 다진 생강 약간

만드는 법 · 순무를 납작하게 썰어 깍두기처럼 담가 주면 된다.

총각무김치

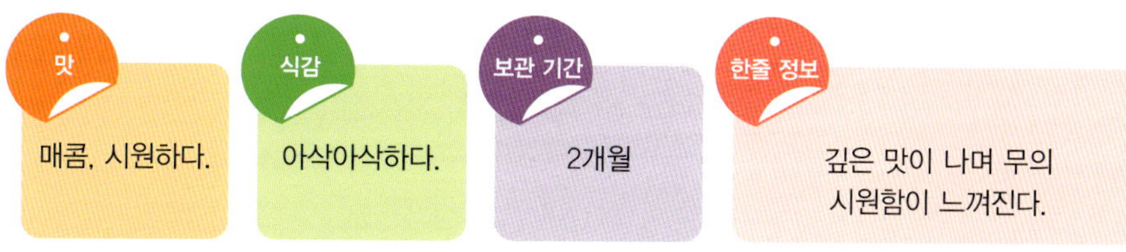

만드는 법

1. 총각무는 다듬어서 솔로 문질러 깨끗이 닦는다.

2. 총각무가 잠길 정도의 물에 굵은 소금을 풀어 녹인다. 무 부분을 아래로 세워 먼저 2시간 정도 절이고 뒤집어서 무청도 잠기도록 해서 1시간 정도 더 절인다. 2~3번 정도 헹궈서 건져 물기를 뺀다.

3. 쪽파는 멸치 액젓에 숨이 죽을 정도로만 살짝 절인 다음(약 30분 정도) 액젓을 따라 낸다.

4. 3에서 따라 낸 멸치 액젓을 그릇에 담고 양념 재료를 넣는다. 이때 고춧가루가 불 때까지 10분 정도 기다린다.

5. 총각무와 쪽파를 가지런히 놓고 양념을 바르듯이 잘 버무린 다음 한 끼 분량씩 집어서 무청과 쪽파로 무를 돌돌 말아 통에 차곡차곡 담는다.

재료

주재료
총각무 1단(2.5kg)

부재료
쪽파 200g

총각무 절임 소금물
물 6컵, 굵은 소금 1컵

쪽파 절임 액젓
멸치 액젓 1/2컵

양념
고춧가루 1컵, 찹쌀풀 1컵(찹쌀가루 1큰술, 들깨가루 1큰술, 물 1컵), 새우젓(육젓) 2큰술, 다진 마늘 1/3컵, 다진 생강 약간, 다시마물 1/2컵

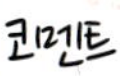

- 총각무는 작고 단단하며 뿌리 쪽이 굵고 무청이 짧으면서도 연한 것을 고른다. 시든 잎과 밑동은 칼로 도려내서 정리하고 잔털도 제거한다.
- 무김치에는 새우젓이 꼭 들어가야 시원한 맛이 살아나는데 특히 통통하고 하얀 육젓(유월에 잡은 새우로 담근 젓)을 골라 써야 그 맛이 더 좋다.

파김치

오래 묵힐수록 맛이 깊어지는 별미 김치

맛	식감	보관 기간	한줄 정보
짭짤, 매콤하다.	아작아작하다.	2개월	새콤하게 양념해도 맛있다.

만드는 법

1. 쪽파는 뿌리 부분을 한꺼번에 칼로 자르고 시든 잎을 정리한 후 흐르는 물에 씻어 건져 물기를 뺀다.
2. 큰 그릇에 쪽파를 가지런히 담고 멸치 액젓을 부어 30분 정도 절여 숨을 죽인 후 나머지 멸치 액젓은 따라 낸다. 쪽파 머리 부분에 멸치 액젓이 더 몰리도록 그릇을 기울여 절이면 좋다.
3. 배와 양파는 믹서에 갈고 나머지 분량의 양념장 재료와 섞는다.
4. 쪽파를 가지런히 놓고 준비한 양념을 발라 가며 손으로 뒤적거려 양념이 고루 묻게 한다.
5. 준비한 통에 한 끼 분량씩 타래를 지어 묶어서 넣어 둔다. 이렇게 해 두면 먹을 때 쪽파가 흐트러지지 않아서 꺼내기가 편리하다.

재료

주재료

쪽파 1kg

쪽파 절임 액젓

멸치 액젓 3컵

양념

배 1/2쪽, 양파 1/4개, 고춧가루 1/2컵, 찹쌀풀(찹쌀가루 4큰술, 물 1컵) 0.5컵, 멸치 액젓 3큰술, 황석어젓 약간, 다진 마늘 1큰술, 다시마물 1/4컵

코멘트

- 쪽파와 잘 어울리는 것이 부추다. 파김치를 만들 때 쪽파 1단에 부추 200g 정도를 섞어서 담그면 부추김치의 맛도 느낄 수 있다.

도라지쪽파김치

재료 • 통도라지 500g, 쪽파 1단, 양파 2개

양념 • 매실청 1/2컵, 갓 1/2단, 마른 고추 4개(채친 것), 고춧가루 2컵, 통깨 1/2컵, 멸치 액젓 1컵, 소금 적당량, 보리죽(보리쌀 1컵, 물 5컵) 2컵, 배 간 것 1/2개, 다진 마늘 3큰술, 생강 간 것 1/2큰술

열무김치

보리밥의 영원한 친구

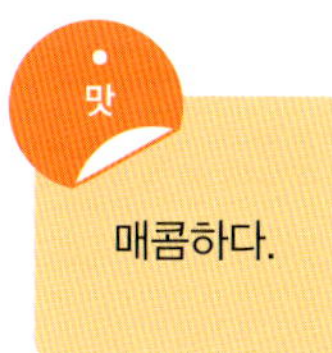

만드는 법

1. 열무는 뿌리의 잔털을 제거한 뒤 껍질을 긁어내고 시든 잎을 정리한다. 열무가 굵은 것은 반으로 가르고, 긴 것은 길이를 절반 정도 자른다.

2. 열무는 소금물에 1시간 정도 절인 다음 2~3번 정도 가볍게 헹구어 물기를 뺀다.

    열무를 세게 비벼서 씻으면 풋내가 날 수 있으므로 가볍게 헹군다.

3. 청양고추는 어슷하게 썰고, 양파는 채 썬다. 쪽파는 4cm 길이로 썬다.

4. 홍고추와 배, 양파는 갈아서 준비한다.

5. 분량의 나머지 양념 재료에 갈아 놓은 홍고추, 배, 양파를 넣어서 양념을 준비한다.

6. 열무와 청양고추, 양파에 양념을 넣고 버무리다가 쪽파를 넣어 고루 섞은 후 통에 담는다.

재료

주재료

열무 1단(1.2kg)

부재료

청양고추 1개, 양파 1/2개, 쪽파 30g

열무 절임 소금물

물 3컵, 굵은 소금 1컵

양념

홍고추 5개, 배 1/2쪽, 양파 1/4개, 고춧가루 1/2컵, 밀가루풀 3컵(밀가루 3큰술, 물 3컵), 새우젓 2큰술, 다진 마늘 2큰술, 다진 생강 약간, 다시마물 2컵

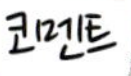
- 상온에 하루 정도 두었다가 냉장고에 넣어야 열무김치에서 풋내와 쓴맛이 나지 않는다.
- 홍고추를 갈아서 넣어야 단맛도 나고 색깔도 곱고 예쁘다.
- 고춧가루를 빼고 청양고추를 갈아서 넣으면 칼칼하고 시원한 청량감을 느낄 수 있는 색다른 열무김치가 된다.

고들빼기

쌉쌀한 맛과 향이 입맛을 돋우는 별미 김치

맛	식감	보관 기간	한줄 정보
쌉싸래, 짭조름하다.	질깃질깃하다.	2개월	새로운 김치가 먹고 싶을 때 해 먹으면 좋다.

만드는 법

1. 고들빼기는 뿌리가 굵은 것으로 골라 뿌리의 잔털과 누렇고 억센 잎을 딴 뒤 깨끗이 씻어 분량의 소금물에 1~2일 정도 삭혀 쓴맛을 제거한다. 도중에 한 번 정도 물을 갈아 주고 물 위에 고들빼기가 떠오르지 않도록 깨끗한 돌로 눌러 놓는다.

   Point 소금물에 삭히는 정도는 고들빼기의 쓴맛을 어느 정도 제거할 것인지에 따라 짧게는 1일에서 길게는 4일 정도 둘 수 있다.

2. 삭힌 고들빼기는 깨끗이 여러 번 헹궈 소쿠리에 건져 물기를 뺀다.

3. 쪽파는 다듬어 5~6cm 길이로 썬다.

4. 다시마물에 고춧가루를 넣고 불린 뒤 여기에 나머지 양념 재료를 넣는다.

   Point 올리고당의 단맛이 쓴맛을 약간 줄이고 고들빼기의 쓴맛과 어우러져 감칠맛을 높여 준다.

5. 고들빼기에 양념을 넣어 골고루 버무린 후 쪽파를 넣어 가볍게 섞는다.

재료

주재료

고들빼기 1kg

부재료

쪽파 200g

고들빼기 절임 소금물

물 5컵, 굵은 소금 1/2컵

양념

다시마물 1/3컵, 고춧가루 1.5컵, 멸치 액젓 1/2컵, 올리고당 1/3컵, 찹쌀풀 1/2컵(찹쌀가루 3큰술, 물 1컵), 마늘 1/2컵, 생강 약간

코멘트 **고들빼기김치 맛있게 담그는 비법**
- 멸치젓을 사용한다. 멸치 생젓을 1작은술 정도 넣어 주면 더 맛있다.
- 꿀이나 매실청을 사용하여 고들빼기의 쓴맛을 빼 준다.

김치
동치미
436

시원함과 삭힌 고추의 칼칼함이 입맛을 돋우는 동치미

만드는 법

1. 무는 무청과 잔털을 정리한 다음 솔로 문질러 씻어 물기를 뺀다.

2. 무 절임 소금물에 무를 넣어 말랑말랑해질 때까지 하루 정도 둔 다음 헹궈서 건져 물기를 뺀다.

3. 쪽파는 다듬어 무 절임 소금물을 약간 부어서 절인다. 다 절여지면 물에 헹궈 건져 물기를 뺀 다음 타래를 지어 놓는다.

4. 배는 물에 씻어 물기를 거둔 뒤 4등분한다.

5. 베주머니에 편으로 썬 마늘과 생강, 말린 파뿌리, 물에 불린 청각을 넣어 준다.

6. 통에 위생 비닐봉지를 넣고 무를 한 켜 깔고 배, 다시 무, 배, 삭힌 고추, 쪽파 순서대로 번갈아 가며 차곡차곡 담는다. 중간에 베주머니를 넣는다.

7. 무가 국물 위로 뜨지 않도록 돌로 누른 다음 분량의 재료로 국물을 만들어 살며시 붓는다.

재료

주재료

동치미 무 10개

부재료

쪽파 200g, 배 2개, 편 썬 마늘 200g, 생강 50g, 말린 파뿌리 100g, 물에 불린 청각 100g, 삭힌 고추 200g

무 절임 소금물

물 5L, 굵은 소금 5컵

국물

생수 20L, 굵은 소금 3컵

코멘트

- 청각은 사슴뿔 모양의 바닷말로서 김치를 담글 때 넣으면 젓갈 냄새나 생선 비린내, 마늘 냄새를 중화시켜 뒷맛을 개운하고 시원하게 하여 김치의 맛을 돋운다. 미역이나 다시마처럼 건조하여 사용한다.
- 파뿌리를 깨끗이 씻어 넣어 주면 잡냄새가 제거되고 맛도 시원하다.
- 총각무로 동치미를 만들면 무청 때문에 국물이 훨씬 더 시원하고 잘라 먹기도 좋다.

오이소박이

여름철 입맛을 살려 주는 맛깔스럽고 손쉬운 김치

만드는 법

1. 오이는 소금으로 비벼 가며 물에서 깨끗이 씻는다.
2. 오이는 길이에 따라 2~3등분하여 7cm 정도의 길이가 되도록 썬 다음 아래에서 1cm 정도 남겨 두고 위에서 십자 모양으로 갈라 준다.

   Point 다른 방법으로 위로 한 번, 아래로 한 번 칼집을 넣으면 가르기도 쉽고 맛도 잘 밴다.
3. 절임 소금물에 오이를 2시간 정도 절인다. 이때 오이가 물에 뜨지 않도록 무거운 것으로 눌러 주어야 잘 절여진다. 절인 오이는 물에 한 번 정도 헹구고 체에 밭친 다음 도마처럼 약간 무게가 있는 것으로 눌러 물기가 빠지도록 한다.

   Point 수분이 충분히 빠져야 김치가 익어도 쉽게 무르지 않는다.
4. 부추와 당근, 양파는 1cm 정도로 짧게 채를 썬다.

   Point 채가 짧아야 오이 속에 넣기가 쉽다.
5. 다시마물에 고춧가루를 넣고 5분 정도 불린 다음 나머지 양념 재료를 넣어 고루 섞은 후 부추, 당근, 양파 썬 것을 넣어 버무린다.
6. 오이의 벌어진 칼집 사이에 **5**의 양념한 오이소를 채운다.

   Point 오이소를 너무 많이 넣으면 비어져 나와 저저분하고 너무 적게 넣으면 양념 맛이 충분히 배지 않아 싱거울 수 있으므로 적당히 채운다.

재료

주재료

백다다기오이 10개

오이 절임 소금물

물 3L, 굵은 소금 1컵

오이소

부추 150g, 당근 1/4개, 양파 1/4개

양념

다시마물 1/2컵, 고춧가루 1/3컵, 까나리 액젓 1/4컵, 새우젓 2큰술, 꿀 1/3컵, 밀가루풀 3큰술, 다진 마늘 1/4컵, 다진 생강 1작은술

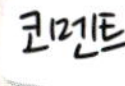 ・소박이용 오이는 몸이 단단한 백다다기오이로 색이 선명하고 가시가 많고 곧은 것을 선택한다.

부추김치

매운 듯 독특한 풍미가 있는 영양 만점의 건강 김치

만드는 법

1. 부추와 쪽파는 시든 잎을 떼고 이파리 끝을 다듬는다.

   Point 하나씩 다듬기보다는 한 줌씩 손에 쥐고 다듬어야 나중에 가지런히 정리되어 김치 담그기가 편하다.

2. 부추와 쪽파에 멸치 액젓을 부어 20분 정도 절인 다음 멸치 액젓을 따라 낸다.

3. 부추와 쪽파를 절이고 남은 멸치 액젓과 다시마물에 고춧가루를 불린 다음 나머지 양념 재료를 넣어 섞어 준다.

4. 양념 그릇에 부추와 쪽파를 가지런히 담고 손으로 살살 양념을 바르듯이 버무린다. 몇 가닥씩 묶어 타래를 지어 통에 담는다.

5. 익기 전에 바로 먹어도 좋고 열흘 이상 푹 익혀 먹어도 맛있다.

재료

주재료

부추 1단

부재료

쪽파 50g

절임 액젓

멸치 액젓 1/3컵

양념

다시마물 1/3컵, 고춧가루 1/2컵, 갈치속젓 2큰술, 꿀 1/3컵, 찹쌀풀 3큰술, 들깨가루 1큰술

코멘트

- 부추김치는 생것부터 충분히 발효되어 익은 상태까지 매력적인 맛을 가지고 있다. 경상도 지방에서는 갓 담근 부추김치를 먹는 것을 더 선호한다. 따끈한 칼국수에는 겉절이 스타일의 막 담근 부추김치가 어울리고, 따끈한 밥이나 삼겹살구이, 설렁탕에는 새콤하게 익은 부추김치가 더 잘 어울린다.
- 부추는 어릴수록 부드럽고 맛과 향이 뛰어나다. 부추김치를 만들 때는 선명한 녹색에 통통하고 길이가 짧은 것을 고른다. 힘을 주어 다루면 풋내가 나므로 가볍게 흔들어 가며 씻고 버무릴 때도 가만가만 뒤적여 가며 버무린다.

나박김치

배추와 무의 담백함을 살린 시원한 물김치

만드는 법

1. 배추는 속이 연하고 하얀 잎을 준비하여 가로세로 3cm 정도의 크기로 썰고, 무도 0.3cm 정도의 두께로 배추와 같은 크기로 썬다. 배추와 무에 굵은 소금 3큰술을 뿌려 약 20분 정도 절인다.

2. 미나리와 쪽파는 3cm 길이로 썰고, 청·홍고추는 어슷썰기, 마늘과 생강은 각각 채 썬다.

3. 준비해 놓은 김치 통에 생수 중 3컵을 붓고 면포로 고춧가루를 감싸 쥔 다음 물속에서 주물러 고춧물을 준비한다. 여기에 여분의 생수와 굵은 소금 3큰술을 넣어 충분히 녹인 후 나머지 김칫국물 재료를 부어서 잘 섞는다.

4. 3에 배추와 무, 미나리, 쪽파, 청·홍고추, 마늘채, 생강채를 넣어 맛을 낸다.

5. 실온에 하루 정도 두었다가 냉장고에서 3~4일 보관한 후 먹는다.

주재료

배추 속대나 알배추 500g, 무 500g

부재료

미나리 20g, 쪽파 30g, 청·홍고추 2개씩, 마늘 2통, 생강 1톨

배추·무 절임

굵은 소금 3큰술

김칫국물

생수 1.5L, 고춧가루 2큰술, 굵은 소금 3큰술, 배즙 1컵, 까나리 액젓 2큰술, 물김치용 찹쌀풀 3큰술

코멘트

- 나박김치의 어원은 무의 옛말인 나복에서 왔다. 즉, 무를 납작납작하게 썰어 담근 물김치라 해서 나박김치라고 한다.
- 고춧가루로 빨갛게 물들인 김칫국물을 부어 맛을 내는데 무와 배추의 맛이 충분히 우러나 시원하고 칼칼한 맛이 일품인 물김치다.
- 통대추를 넣어 주면 은은한 단맛과 톡 쏘는 국물 맛을 유지할 수 있다.

오이즉석깍두기(오이송송이)

겉절이 양념에 상큼한 오이를 버무려 먹는 즉석 김치

만드는 법

1. 오이는 통째로 씻어 그대로 절임 소금물에 넣고 부드럽게 휘어지도록 3시간 정도 절인다.

2. 절인 오이는 식초를 1~2방울 떨어뜨린 물에 가볍게 헹구어 소쿠리에 담아 물기를 뺀다.

3. 오이는 길게 십자(+)로 칼집을 넣어 4쪽으로 나눈 뒤 양쪽 끝을 잘라 내고 2~3cm 길이로 깍둑썰기한다. 양파도 오이와 비슷한 크기로 깍둑썰기하고, 홍고추는 동그랗게 썰어 준다.

4. 분량의 재료를 잘 섞어 양념을 만든다.

5. 오이와 양파에 양념을 넣고 가볍게 버무리다가 홍고추를 넣어 완성한다.

주재료

오이(피클용) 6개

부재료

식초 약간, 양파 1/2개, 홍고추 2개

오이 절임 소금물

물 2컵, 굵은 소금 1/4컵

양념

쪽파 썬 것 3큰술, 고춧가루 2큰술, 멸치 액젓 1큰술, 새우젓 1큰술, 다진 마늘 1큰술, 통깨 약간

코멘트

- 오이는 오래 주무르면 풋내가 나기 때문에 가볍게 씻는다. 오이를 헹굴 때 식초를 떨어뜨리면 소금으로 문지르지 않아도 잘 씻긴다.
- 오이로 만드는 겉절이 개념의 즉석 김치로, 양배추를 넣어도 맛이 잘 어울린다. 먹기 직전에 참기름과 깨소금을 약간 넣어 버무리면 고소하고 맛이 좋다
- 아삭아삭하고 오독오독 씹히는 맛을 즐기려면 백오이보다 피클용 오이로 담그는 것이 좋다. 피클용 오이는 익더라도 씨 부분에 구멍이 뚫리지 않아 씹는 맛이 한결 살아난다.
- 마른 새우가 있으면 커터기로 갈아서 가루를 만들어 양념에 1큰술 정도 섞어 주면 가볍지 않은 구수하고 깊은 맛이 난다.

깻잎김치

간장과 젓갈로 맛을 낸 밥반찬 같은 별미 김치

맛
짭짤, 매콤하다.

식감
아들아들, 까슬까슬하다.

보관 기간
15~20일

한줄 정보
깻잎 반찬보다 보관 기간이 길어서 좋다.

만드는 법

1. 깻잎은 식초를 1~2방울 넣은 물에 깨끗이 씻어 채반에 밭쳐 물기를 뺀다.

2. 볼에 밤채, 마늘채, 생강채, 송송 썬 쪽파, 홍고추채, 무채, 통깨를 넣어 잘 섞는다.

3. 다시마물에 나머지 양념 재료를 넣고 섞어 준 후 2의 양념을 넣어 가볍게 혼합한다.

4. 용기에 깻잎을 서너 장씩 놓고 양념을 얹은 후 다시 서너 장을 쌓고 양념을 얹으며 계속 쌓는다.

5. 4에서 남은 양념을 용기에 붓고 냉장 보관하며 먹는다. 2주 정도 되었을 때가 가장 맛있다.

재료

주재료
깻잎 10묶음

부재료
식초 약간

양념
밤채 1큰술, 마늘채 2작은술, 생강채 1작은술, 송송 썬 쪽파 1큰술, 홍고추채 1큰술, 무채 2큰술, 통깨 1작은술, 다시마물 1.5컵, 국간장 3큰술, 멸치 액젓 3큰술, 올리고당 2큰술, 고춧가루 약간

코멘트

- 깻잎김치는 만들어서 바로 먹거나 저온에서 익혀서 먹는다. 멸치를 얹어 쪄서 먹어도 별미인 반찬이다.
- 양념을 발라 용기에 담아 두면 깻잎에 간이 들어가 숨이 죽는데, 이때 국물이 위까지 올라와야 한다. 국물이 닿지 않는 깻잎 윗부분의 색이 검게 변하기 때문이다.
- 양념을 미리 만들어 두었다가 먹을 때마다 끼얹어 먹어도 깻잎의 싱싱한 맛과 향을 즐길 수 있다. 양념은 냉장고에서 2주 정도는 보관이 가능하다.

열무물김치

보리죽이 들어간 소박하고 시원한 물김치

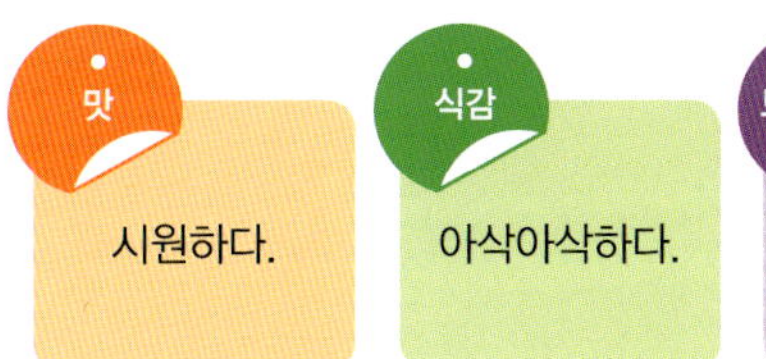

맛	식감	보관 기간	한줄 정보
시원하다.	아삭아삭하다.	20일	보리밥에 으깨어 섞어 먹으면 맛있다.

만드는 법

1. 열무는 시든 잎을 다듬고 물에 씻어 건져 7~8cm 길이로 썬다, 얼갈이도 동일한 방법으로 준비한다.

2. 열무와 얼갈이를 소금물에 절인 뒤(20분 정도 지나면 한번 뒤집어 준다) 숨이 죽으면 소쿠리에 건져 물기를 뺀다.

3. 청·홍고추는 어슷하게 썰어 주고, 쪽파는 5cm 길이로 썬다.

4. 넓은 그릇에 김칫국물 재료를 넣어서 고루 섞은 후 간을 확인한다.

5. 열무와 얼갈이에 양념을 넣고 가볍게 버무린 후 김칫국물을 살며시 붓는다.

6. 상온에서 반나절 익혀 냉장고에 넣고 1주일 후 먹는다.

재료

주재료

열무 1단(1.5kg 정도), 얼갈이 1단(1kg 정도)

부재료

청·홍고추 각 5개, 쪽파 10줄기

절임 소금물

물 3L, 굵은 소금 1컵

김칫국물

생수 1.3L, 다시마물 2컵, 보리죽 2/3컵(보리쌀 끓인 것 2큰술+물 1컵) 혹은 밀가루풀(물 1컵+밀가루 1큰술) 1컵, 소금 1.5큰술, 까나리 액젓 1큰술

양념

다진 마늘 3큰술, 다진 생강 2작은술

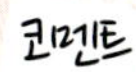
코멘트

- 열무는 '어린 무'라는 뜻으로 봄과 여름에는 노지에서 40일 정도 자라면 밥상에 오를 수 있다. 재배 기간이 짧은 만큼 잎과 뿌리가 연하여 김치를 담그면 맛이 좋다.
- 열무물김치가 맛있게 익으면 국물을 냉동실에 넣어 살짝 얼려 두었다가 소면을 삶아 열무물김치국수를 만들어 먹거나 열무김치 건지만 건져서 보리밥에 고추장을 넣고 쓱쓱 비벼 먹으면 여름날 잃었던 입맛도 찾을 수 있는 매력적인 음식이다.
- 열무김치에는 밀가루풀을 넣어도 좋지만 보리죽을 넣으면 더 구수한 국물 맛을 낼 수 있다.

배추겉절이

아삭아삭한 식감이 살아 있는 겉절이 김치

만드는 법

1. 배추는 한 잎씩 떼어서 물에 헹구고 물기를 털어 낸다.

2. 배추에 세로로 칼집을 넣고 길게 찢어 굵은 소금 2큰술을 뿌려 1시간 정도 절인 뒤 물에 헹궈 채반에서 물기를 뺀다.

   Point 배추는 소금을 뿌린 뒤 중간에 한번 뒤집어 숨이 고르게 죽도록 해야 양념이 고루 잘 배어 맛있다.

3. 홍고추는 어슷하게 썰고, 쪽파와 미나리는 5cm 길이로 썬다.

4. 준비한 재료로 양념을 만들어 고춧가루가 불도록 둔다.

5. 배추에 양념을 넣고 골고루 버무리다가 홍고추와 쪽파, 미나리를 넣어 가볍게 마무리한다.

재료

주재료

배추 1/2포기(약 300g)

부재료

홍고추 1개, 쪽파 2뿌리, 미나리 3줄기

배추 절임

굵은 소금 2큰술

양념

고춧가루 3큰술, 멸치 또는 까나리 액젓 2큰술, 찹쌀풀 1.5큰술, 설탕 1작은술, 다진 마늘 2작은술, 다진 생강 약간, 통깨 · 참기름 약간씩

코멘트 · 배추를 살짝 절이고 양념에 찹쌀풀을 넣어 만든 배추겉절이는 다른 겉절이와 달리 깊은 맛이 있어 칼국수와 잘 어울린다.

맛있는 밑반찬 198가지!

반찬백과

2014년 1월 15일 1판 1쇄
2022년 1월 25일 1판 3쇄

저자 : 박숙주
펴낸이 : 남상호

펴낸곳 : 도서출판 예신
www.yesin.co.kr

(우)04317 서울시 용산구 효창원로 64길 6
대표전화 : 704-4233, 팩스 : 335-1986
등록번호 : 제3-01365호(2002.4.18)

값 22,000원

ISBN : 978-89-5649-109-7